書いて定着

アウトプット専用問題集

中1

JN025011

もくじ

1 平面図形
① 図形の記号と用語 …… 4
② 中点・角の大きさ …… 6
③ 平行移動 …… 8
④ 回転移動 …… 10
⑤ 対称移動，移動を組み合わせる …… 12
⑥ 基本の作図❶ …… 14
⑦ 基本の作図❷ …… 16
⑧ 基本の作図❸ …… 18
⑨ 基本の作図❹ …… 20
⑩ 基本の作図の利用❶ …… 22
⑪ 基本の作図の利用❷ …… 24
⑫ 基本の作図の利用❸ …… 26
⑬ 基本の作図の利用❹ …… 28
⑭ 円の性質 …… 30
⑮ 円の周の長さ …… 32
⑯ 円の面積 …… 34
⑰ おうぎ形の弧の長さ …… 36
⑱ おうぎ形の面積 …… 38
⑲ いろいろな図形の周の長さと面積❶ …… 40
⑳ いろいろな図形の周の長さと面積❷ …… 42
㉑ おうぎ形の中心角 …… 44
㉒ まとめのテスト❶ …… 46

2 空間図形
㉓ 多面体 …… 48
㉔ 多面体の頂点，辺，面 …… 50
㉕ ２直線の位置関係 …… 52
㉖ 直線と平面の位置関係 …… 54
㉗ ２平面の位置関係 …… 56
㉘ 面の移動・回転でできる立体❶ …… 58
㉙ 面の移動・回転でできる立体❷ …… 60
㉚ 回転体の見取図 …… 62
㉛ 角柱・角錐の展開図 …… 64
㉜ 円柱の展開図 …… 66
㉝ 円錐の展開図 …… 68
㉞ 立体の展開図 …… 70
㉟ 立体の表面での最短距離 …… 72
㊱ 投影図 …… 74
㊲ いろいろな投影図 …… 76
㊳ 立方体の切り口と展開図 …… 78
㊴ 角柱・円柱の体積 …… 80
㊵ 角錐・円錐の体積 …… 82
㊶ 角柱・円柱の表面積 …… 84
㊷ 角錐の表面積❶ …… 86
㊸ 角錐の表面積❷ …… 88
㊹ 円錐の表面積❶ …… 90
㊺ 円錐の表面積❷ …… 92
㊻ 球の体積と表面積 …… 94
㊼ まとめのテスト❷ …… 96

3 データの分析と活用
㊽ 度数分布表，ヒストグラム …… 98
㊾ 範囲，度数折れ線 …… 100
㊿ 相対度数 …… 102
51 相対度数と確率 …… 104
52 まとめのテスト❸ …… 106

チャレンジテスト❶ …… 108
チャレンジテスト❷ …… 110

本書の特長と使い方

本書は，成績アップの壁を打ち破るため，問題を解いて解いて解きまくるためのアウトプット専用問題集です。

次のように感じたことのある人はいませんか？

- ☑ 授業は理解できる
  ➡ **でも問題が解けない！**
- ☑ あんなに手ごたえ十分だったのに
  ➡ **テスト結果がひどかった**
- ☑ マジメにがんばっているけれど
  ➡ **ぜんぜん成績が上がらない**

基本のページ

アウトプットに特化したスタイル

ストレスフリーでどんどん解ける！
問題を解いて解いて解きまくろう！

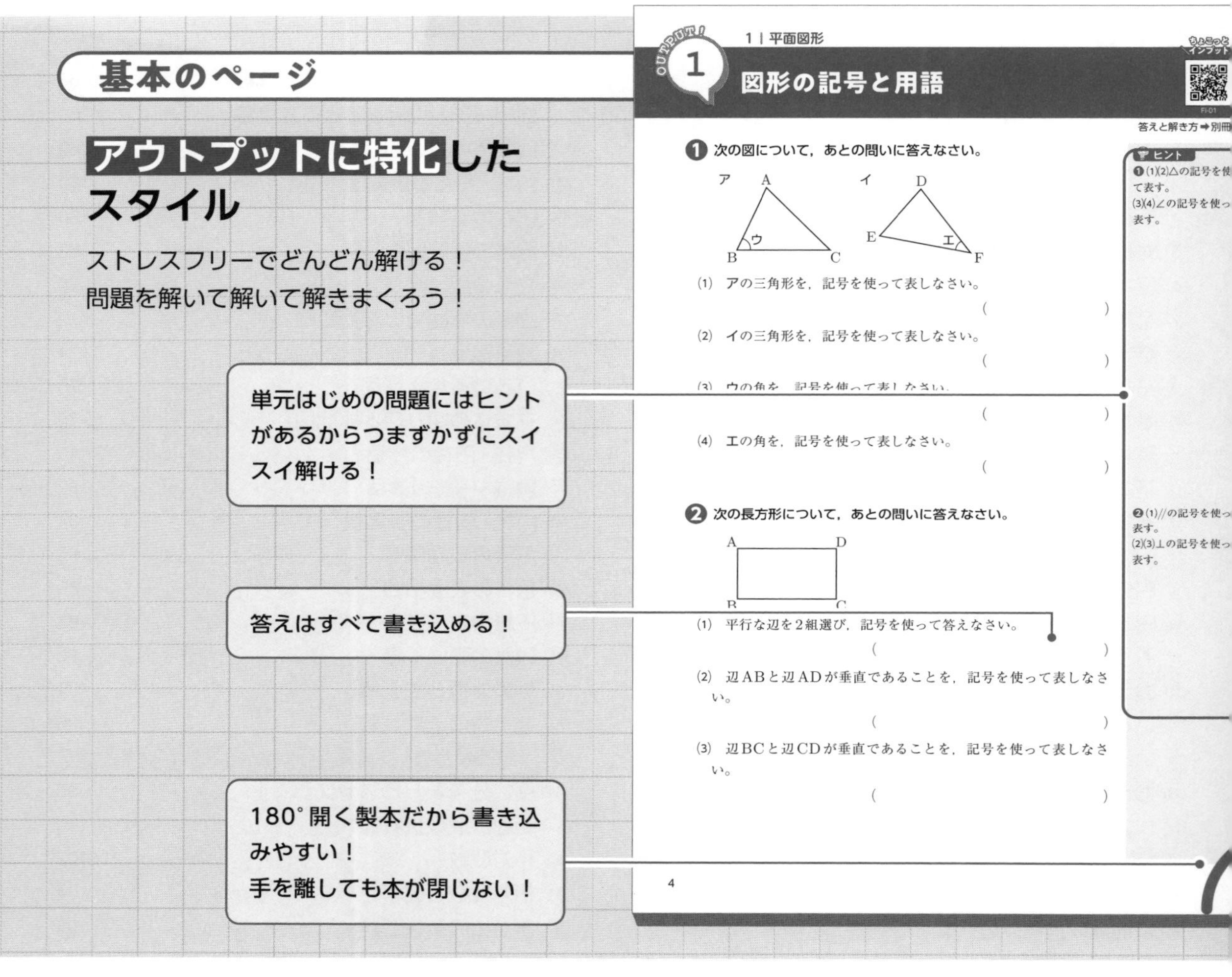

テストのページ

まとめのテスト

数単元ごとに設けています。
これまでに学んだ単元で重要なタイプの問題を掲載しているので，復習に最適です。点数を設定しているので，定期テスト前の確認や自分の弱点強化にも使うことができます。

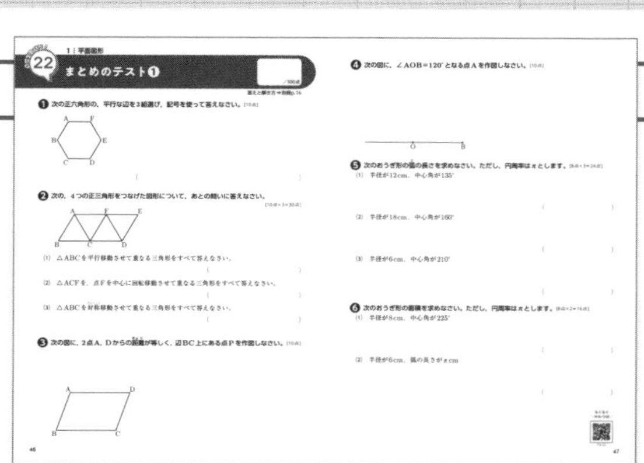

原因は実際に問題を解くという

アウトプット不足

です。

本書ですべて解決できます！

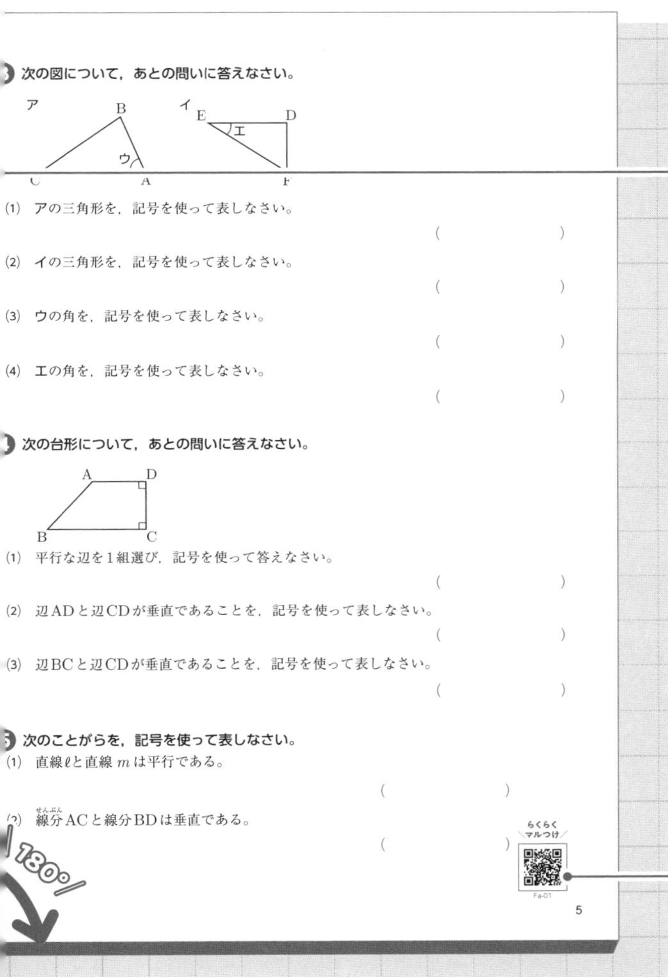

＼ちょこっとインプット／

わからないことがあったら，QRコードを読みとってスマホやタブレットでサクッと確認できる！

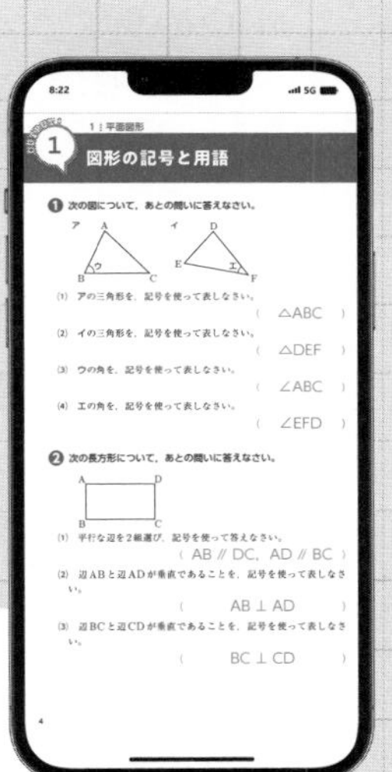

＼らくらくマルつけ／

QRコードを読みとれば，解答が印字された紙面が手軽に見られる！

※くわしい解説を見たいときは別冊をチェック！

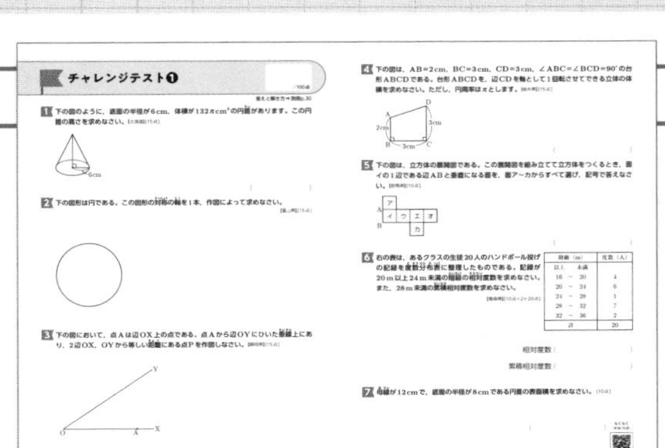

チャレンジテスト

巻末に２回設けています。
簡単な高校入試の問題も扱っているので，自身の力試しに最適です。
入試前の「仕上げ」として時間を決めて取り組むことができます。

●「ちょこっとインプット」「らくらくマルつけ」は無料でご利用いただけますが，通信料金はお客様のご負担となります。●すべての機器での動作を保証するものではありません。●やむを得ずサービス内容に変更が生じる場合があります。● QR コードは(株) デンソーウェーブの登録商標です。

図形の記号と用語

答えと解き方➡別冊p.2

❶ 次の図について，あとの問いに答えなさい。

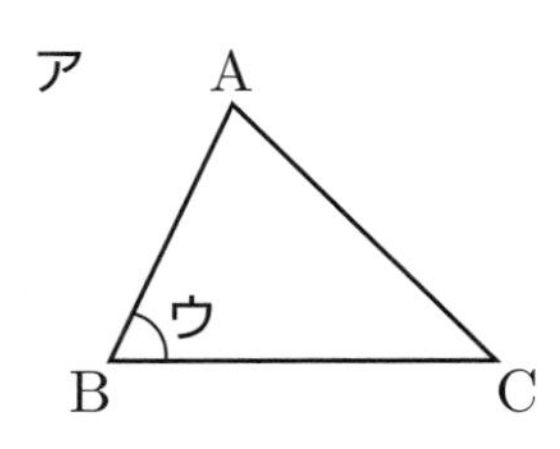

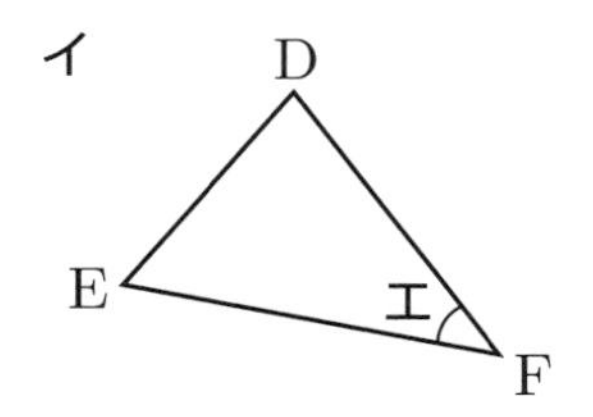

(1) アの三角形を，記号を使って表しなさい。

(　　　　　　　　)

(2) イの三角形を，記号を使って表しなさい。

(　　　　　　　　)

(3) ウの角を，記号を使って表しなさい。

(　　　　　　　　)

(4) エの角を，記号を使って表しなさい。

(　　　　　　　　)

❷ 次の長方形について，あとの問いに答えなさい。

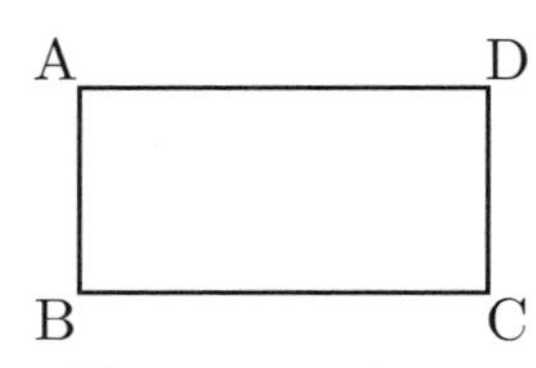

(1) 平行な辺を2組選び，記号を使って答えなさい。

(　　　　　　　　　　　　)

(2) 辺ABと辺ADが垂直であることを，記号を使って表しなさい。

(　　　　　　　　　　　　)

(3) 辺BCと辺CDが垂直であることを，記号を使って表しなさい。

(　　　　　　　　　　　　)

ヒント

❶ (1)(2)△の記号を使って表す。
(3)(4)∠の記号を使って表す。

❷ (1)//の記号を使って表す。
(2)(3)⊥の記号を使って表す。

❸ 次の図について，あとの問いに答えなさい。

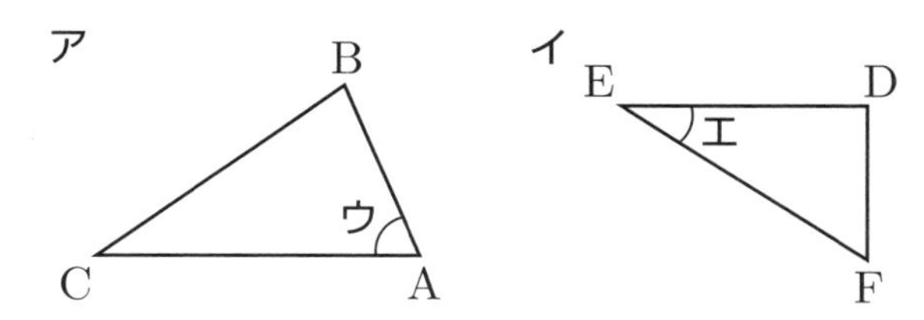

(1) アの三角形を，記号を使って表しなさい。

（　　　　　　　　　）

(2) イの三角形を，記号を使って表しなさい。

（　　　　　　　　　）

(3) ウの角を，記号を使って表しなさい。

（　　　　　　　　　）

(4) エの角を，記号を使って表しなさい。

（　　　　　　　　　）

❹ 次の台形について，あとの問いに答えなさい。

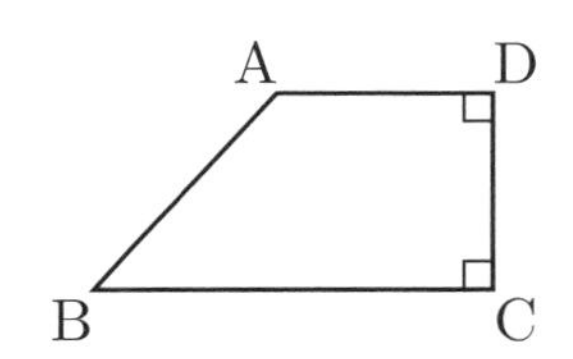

(1) 平行な辺を1組選び，記号を使って答えなさい。

（　　　　　　　　　）

(2) 辺ADと辺CDが垂直であることを，記号を使って表しなさい。

（　　　　　　　　　）

(3) 辺BCと辺CDが垂直であることを，記号を使って表しなさい。

（　　　　　　　　　）

❺ 次のことがらを，記号を使って表しなさい。

(1) 直線ℓと直線 m は平行である。

（　　　　　　　　　）

(2) 線分（せんぶん）ACと線分BDは垂直である。

（　　　　　　　　　）

中点・角の大きさ

答えと解き方➡別冊p.2

❶ 次の数直線について，あとの問いに答えなさい。

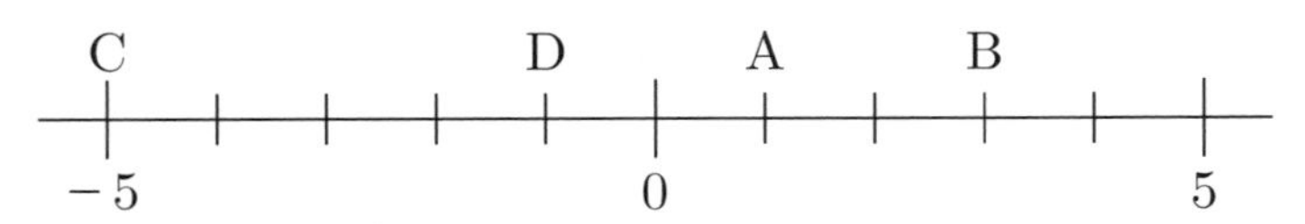

(1) 線分(せんぶん)ABの中点(ちゅうてん)に対応する数を答えなさい。

（　　　　　　　　）

(2) 線分CDの中点に対応する数を答えなさい。

（　　　　　　　　）

❷ 次の図について，あとの問いに答えなさい。

O　　　　　　　　　A

(1) 線分OAが点Oを中心に1回転するとき，回転する角度を求めなさい。

（　　　　　　　　）

(2) 線分OAが点Oを中心に$\frac{1}{4}$回転するとき，回転する角度を求めなさい。

（　　　　　　　　）

❸ 次の図について，あとの問いに答えなさい。

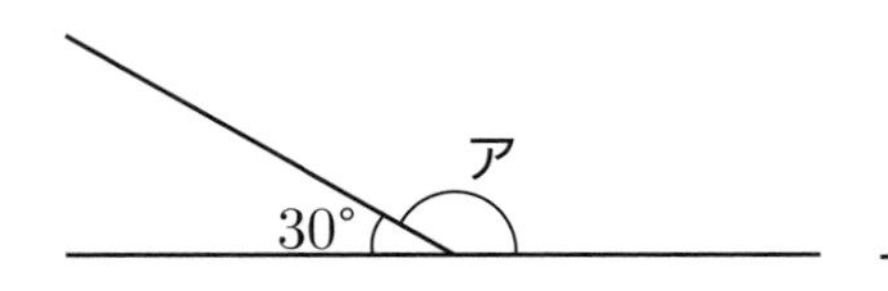

120°　イ

(1) アの角度を求めなさい。

（　　　　　　　　）

(2) イの角度を求めなさい。

（　　　　　　　　）

ヒント

❶ それぞれの線分を2等分する位置に対応する数を答える。

❷ (2) 1回転するときの角度の$\frac{1}{4}$になる。

❸ (1) 180°から30°をひく。
(2) 180°から120°をひく。

❹ 次の数直線について，あとの問いに答えなさい。

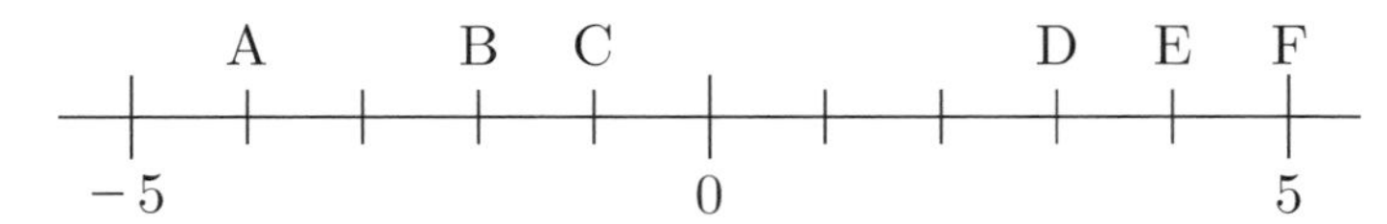

(1) 線分ABの中点に対応する数を答えなさい。

(　　　　　　　　)

(2) 線分CDの中点に対応する数を答えなさい。

(　　　　　　　　)

(3) 線分EFの中点に対応する数を答えなさい。

(　　　　　　　　)

❺ 次の図について，あとの問いに答えなさい。

(1) 線分OAが点Oを中心に$\frac{1}{2}$回転するとき，回転する角度を求めなさい。

(　　　　　　　　)

(2) 線分OAが点Oを中心に$\frac{1}{3}$回転するとき，回転する角度を求めなさい。

(　　　　　　　　)

(3) 線分OAが点Oを中心に$\frac{1}{6}$回転するとき，回転する角度を求めなさい。

(　　　　　　　　)

❻ 次の図について，あとの問いに答えなさい。

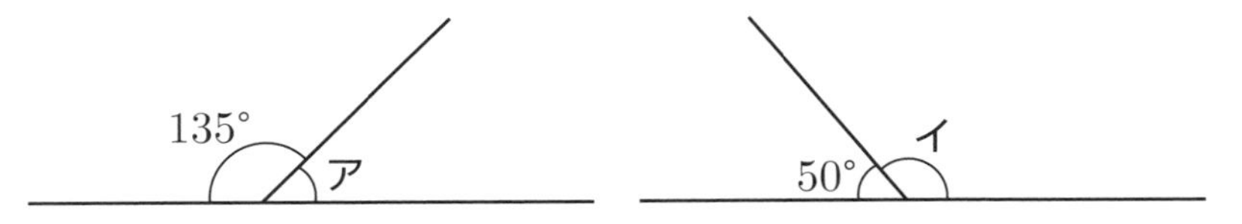

(1) アの角度を求めなさい。

(　　　　　　　　)

(2) イの角度を求めなさい。

(　　　　　　　　)

らくらくマルつけ

Fa-02

平行移動

答えと解き方➡別冊p.2

❶ 次の図に，△ABCを矢印の向きに矢印の長さだけ平行移動させた△A′B′C′をかきなさい。

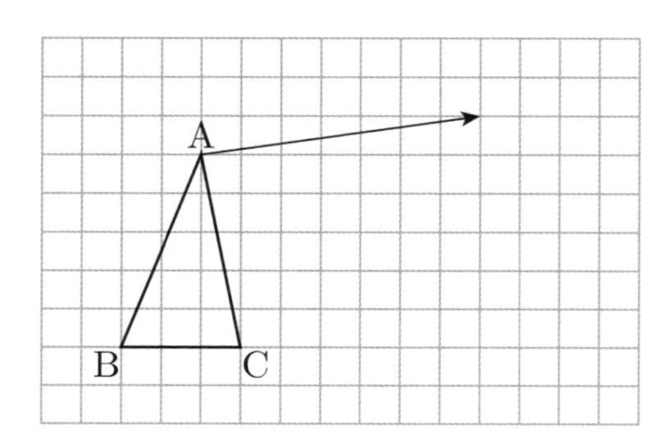

❷ 次の△A′B′C′は△ABCを平行移動させたものです。あとの問いに答えなさい。

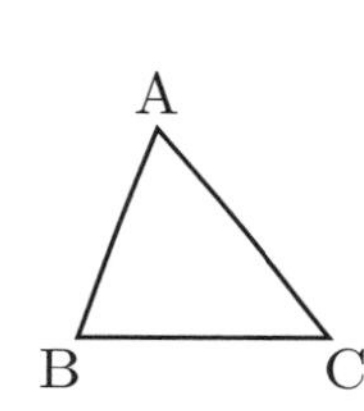

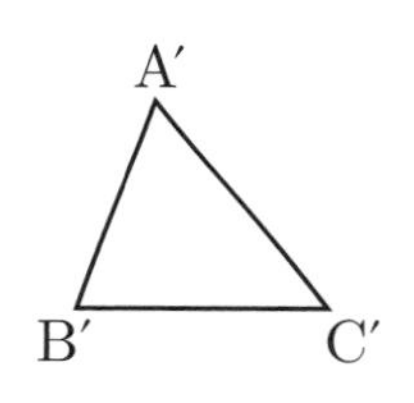

(1) △A′B′C′で，点Aに対応する頂点を答えなさい。

(　　　　　　　　　　)

(2) △A′B′C′で，∠BCAに対応する角を答えなさい。

(　　　　　　　　　　)

(3) △ABCで，∠C′A′B′に対応する角を答えなさい。

(　　　　　　　　　　)

(4) △A′B′C′で，辺ACに対応する辺を答えなさい。

(　　　　　　　　　　)

(5) 線分(せんぶん)AA′と，長さが等しく平行な線分をすべて答えなさい。

(　　　　　　　　　　)

ヒント

❶ 頂点Aを平行移動させた点を頂点A′とする。この移動と同じように頂点B，Cを平行移動させ，頂点B′，C′とする。

❷ (1)点Aを平行移動させた点を答える。
(2)(3)対応する角の大きさは等しい。
(4)対応する辺の長さは等しい。
(5)ある図形を平行移動させると，**対応する点を結ぶ線分どうしは平行で長さが等しくなる。**

3 次の図に，△ABCを矢印の向きに矢印の長さだけ平行移動させた△A′B′C′をかきなさい。

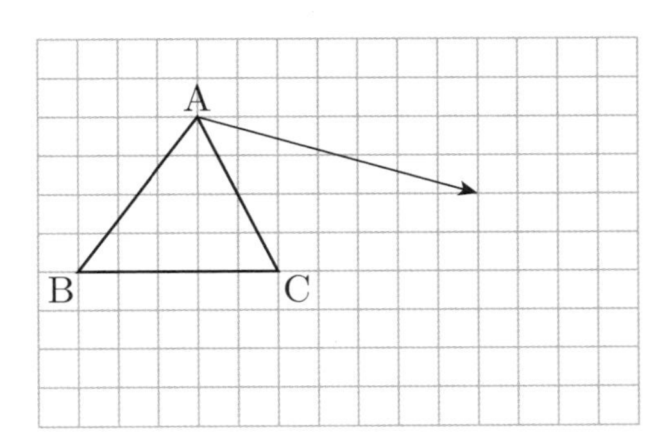

4 次の△A′B′C′は△ABCを平行移動させたものです。あとの問いに答えなさい。

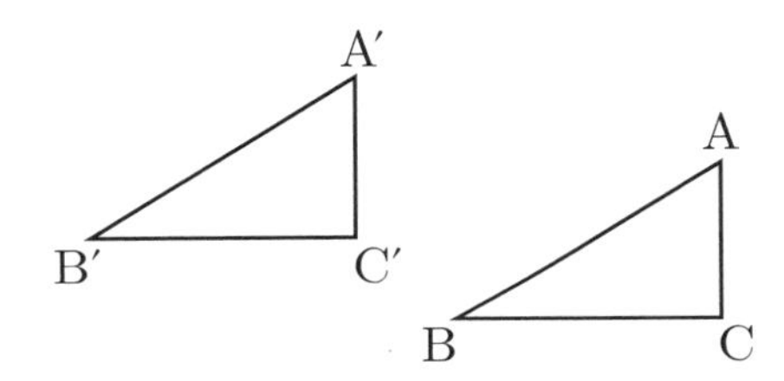

(1) △A′B′C′で，点Cに対応する頂点を答えなさい。

(　　　　　　　　　　)

(2) △A′B′C′で，∠ABCに対応する角を答えなさい。

(　　　　　　　　　　)

(3) △ABCで，∠B′C′A′に対応する角を答えなさい。

(　　　　　　　　　　)

(4) △A′B′C′で，辺BCに対応する辺を答えなさい。

(　　　　　　　　　　)

(5) △ABCで，辺A′B′に対応する辺を答えなさい。

(　　　　　　　　　　)

(6) 線分CC′と，長さが等しく平行な線分をすべて答えなさい。

(　　　　　　　　　　)

らくらく
マルつけ

Fa-03

回転移動

答えと解き方➡別冊p.3

❶ 次の図に，△ABCを，点Oを中心に時計回りに90°だけ回転移動させた△A′B′C′をかきなさい。

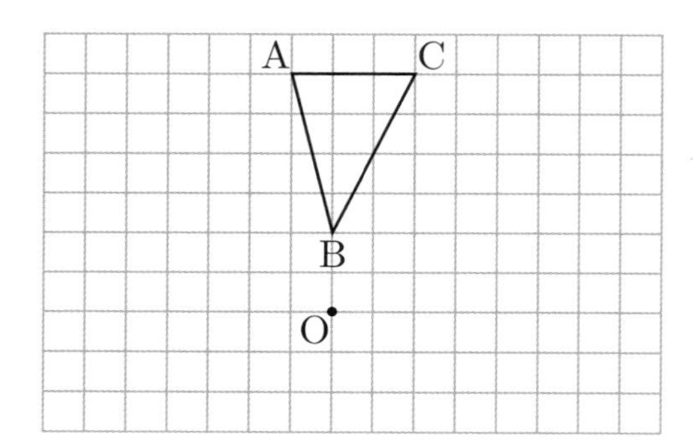

❷ 次の△A′B′C′は，△ABCを点Oを中心に回転移動させたものです。あとの問いに答えなさい。

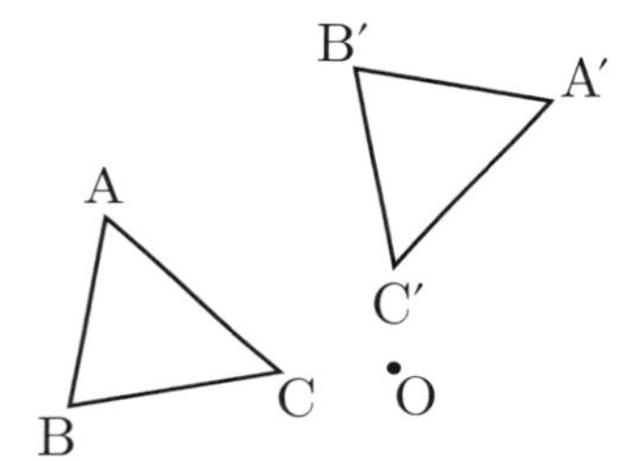

(1)　△A′B′C′で，点Bに対応する頂点を答えなさい。

(　　　　　　　　　　)

(2)　△A′B′C′で，∠CABに対応する角を答えなさい。

(　　　　　　　　　　)

(3)　△ABCで，∠A′B′C′に対応する角を答えなさい。

(　　　　　　　　　　)

(4)　△A′B′C′で，辺BCに対応する辺を答えなさい。

(　　　　　　　　　　)

(5)　∠AOA′と等しい大きさの角をすべて答えなさい。

(　　　　　　　　　　)

ヒント

❶ 線分(せんぶん)OAを回転移動させた線分が，線分OA′になる。同じように線分OB′，OC′の位置を考えて，△A′B′C′をかく。

❷ (1)点Bを回転移動させた点を答える。
(2)(3)対応する角の大きさは等しい。
(4)対応する辺の長さは等しい。
(5)ある図形を回転移動させると，**対応する点と回転の中心を結んでできる角は，すべて大きさが等しくなる。**

3 次の図に，$\triangle$ABCを，点Oを中心に反時計回りに90°だけ回転移動させた$\triangle$A′B′C′をかきなさい。

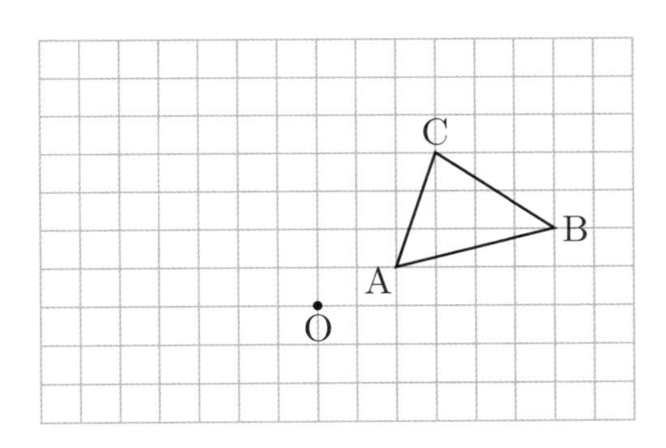

4 次の$\triangle$A′B′C′は，$\triangle$ABCを点Oを中心に回転移動させたものです。あとの問いに答えなさい。

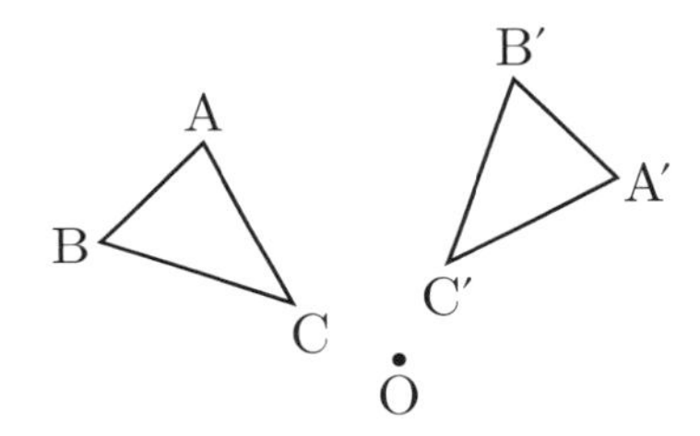

(1) $\triangle$A′B′C′で，点Aに対応する頂点を答えなさい。

(　　　　　　　　　　)

(2) $\triangle$A′B′C′で，∠ABCに対応する角を答えなさい。

(　　　　　　　　　　)

(3) $\triangle$ABCで，∠B′C′A′に対応する角を答えなさい。

(　　　　　　　　　　)

(4) $\triangle$A′B′C′で，辺ACに対応する辺を答えなさい。

(　　　　　　　　　　)

(5) $\triangle$ABCで，辺A′B′に対応する辺を答えなさい。

(　　　　　　　　　　)

(6) ∠COC′と等しい大きさの角をすべて答えなさい。

(　　　　　　　　　　)

らくらく
マルつけ

Fa-04

対称移動，移動を組み合わせる

答えと解き方➡別冊p.4

❶ 次の図に，△ABCを，直線ℓを対称(たいしょう)の軸(じく)として対称移動させた△A′B′C′をかきなさい。

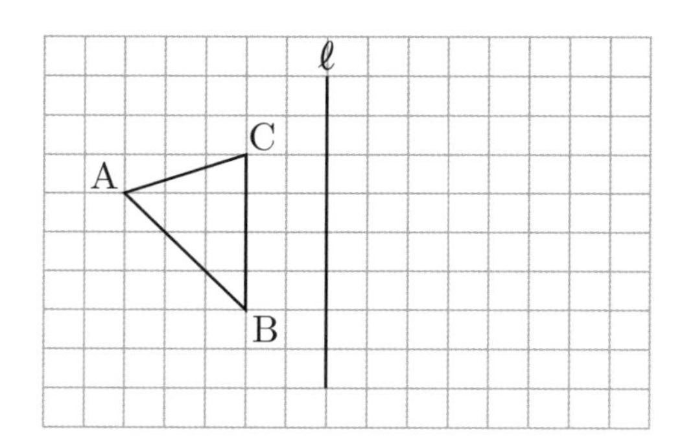

❷ 次の△A′B′C′は，△ABCを直線ℓを対称の軸として対称移動させたものです。あとの問いに答えなさい。

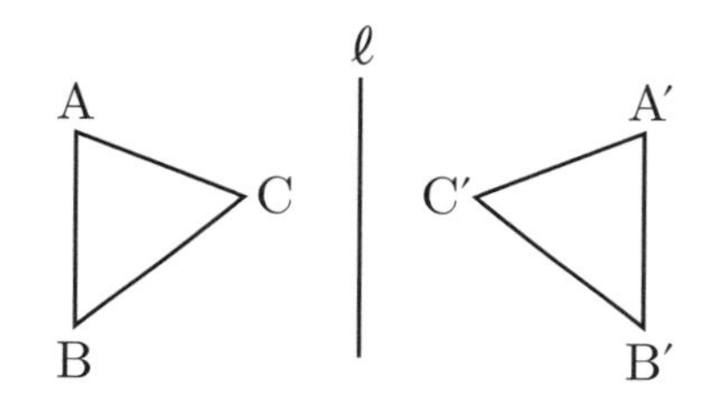

(1) △A′B′C′で，∠BCAに対応する角を答えなさい。

( )

(2) △A′B′C′で，辺ACに対応する辺を答えなさい。

( )

(3) 直線ℓと垂直な線分(せんぶん)をすべて答えなさい。

( )

❸ 次の△ABCと△A′B′C′は合同です。△ABCを平行移動させたあと，△A′B′C′に重ねるには，回転移動と対称移動のどちらの移動をすればよいか答えなさい。

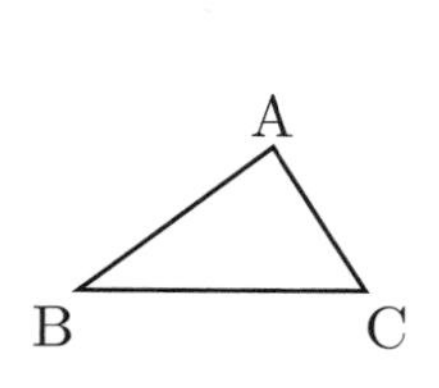

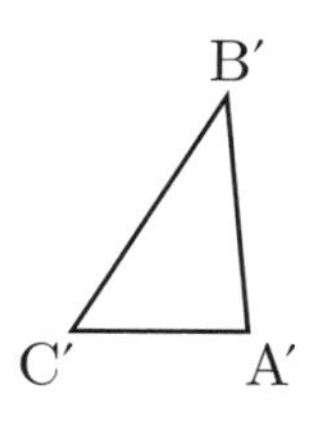

( )

ヒント

❶ 直線ℓを折り目としたときに，頂点Aが移動する位置が頂点A′となる。同じように頂点B′，C′の位置を考えて，△A′B′C′をかく。

❷ (1)対応する角の大きさは等しい。
(2)対応する辺の長さは等しい。
(3)ある図形を対称移動させると，対応する点を結ぶ線分は，すべて対称の軸に垂直になる。

❸ △ABCが△A′B′C′と同じ向きになるような移動を答える。

❹ 次の図に，△ABCを，直線ℓを対称の軸として対称移動させた△A′B′C′をかきなさい。

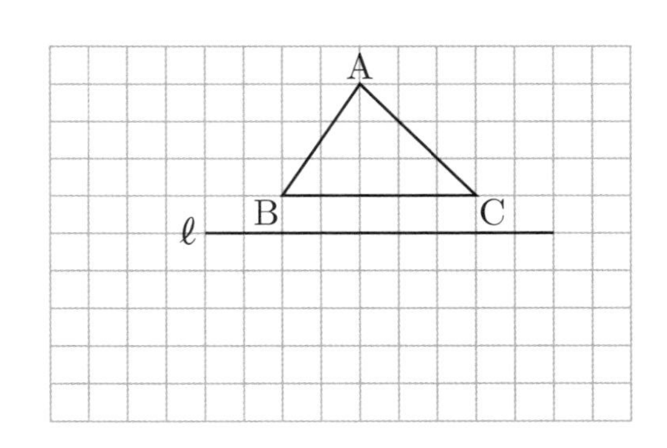

❺ 次の△A′B′C′は，△ABCを直線ℓを対称の軸として対称移動させたものです。あとの問いに答えなさい。

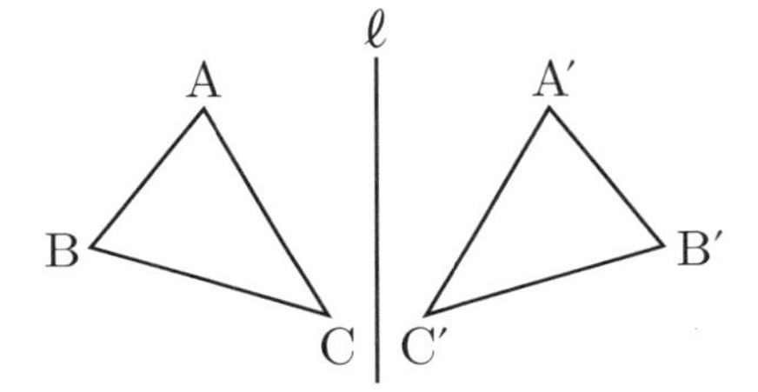

(1) △A′B′C′で，∠CABに対応する角を答えなさい。

(　　　　　　　)

(2) △ABCで，∠A′B′C′に対応する角を答えなさい。

(　　　　　　　)

(3) △A′B′C′で，辺ABに対応する辺を答えなさい。

(　　　　　　　)

(4) 線分AA′と平行な線分をすべて答えなさい。

(　　　　　　　　　　　)

❻ 次の△ABCと△A′B′C′は合同です。△ABCを平行移動させたあと，△A′B′C′に重ねるには，回転移動と対称移動のどちらの移動をすればよいか答えなさい。

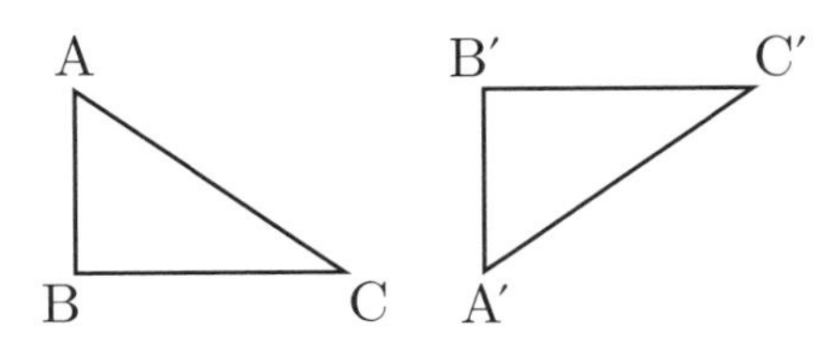

(　　　　　　　)

らくらく
マルつけ
Fa-05

基本の作図❶

答えと解き方➡別冊p.4

❶ 次の図に，点Pを通り直線ℓに垂直な直線を作図しなさい。ただし，はじめに直線ℓ上に2点A，Bをとり，点Aを中心とする半径APの円をかくものとします。

•P

ℓ ――――――――――――――――

❷ 次の図に，点Pを通り直線ℓに垂直な直線を作図しなさい。ただし，はじめに点Pを中心とする，直線ℓに交わる円をかくものとします。

•P

ℓ ――――――――――――――――

ヒント

❶ 点Aを中心とする半径APの円をかいたあと，点Bを中心とする半径BPの円をかく。この2つの円の交点を通る直線をひく。

❷ 点Pを中心にかいた円と直線ℓの2つの交点から，等しい半径の円をかく。この2つの円の交点と点Pを通る直線をひく。

3 次の図に，点Pを通り直線ℓに垂直な直線を作図しなさい。ただし，はじめに直線ℓ上に2点A，Bをとり，点Aを中心とする半径APの円をかくものとします。

(1)　　　　　　　　　　(2)

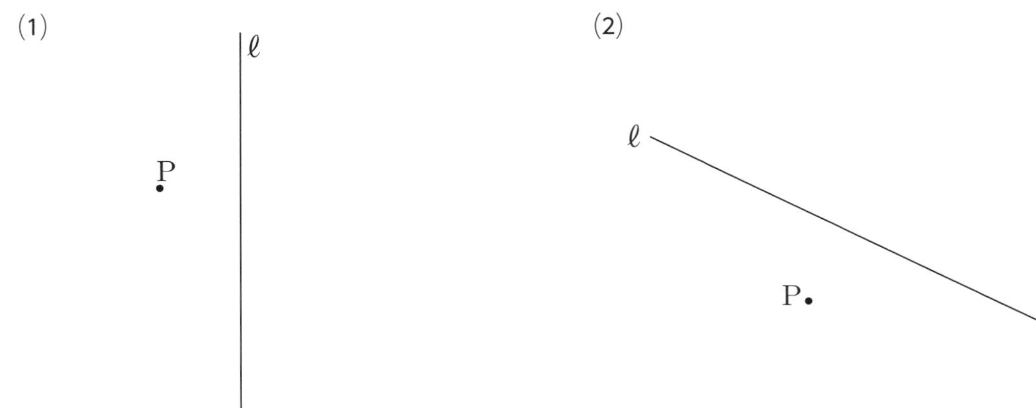

4 次の図に，頂点Aを通る辺BCの垂線(すいせん)を作図しなさい。ただし，はじめに頂点Aを中心とする，辺BCに交わる円をかくものとします。

(1)

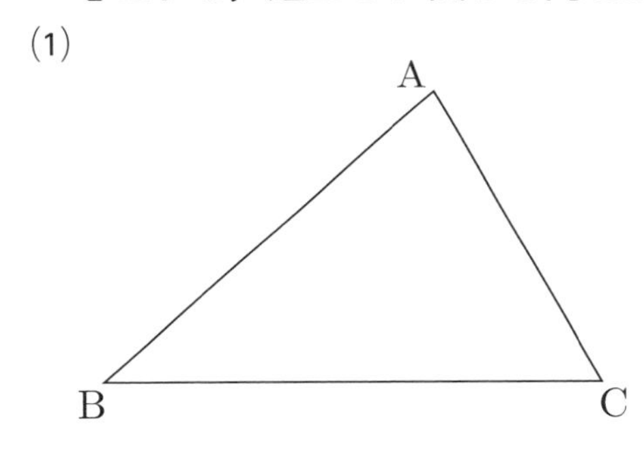

(2)

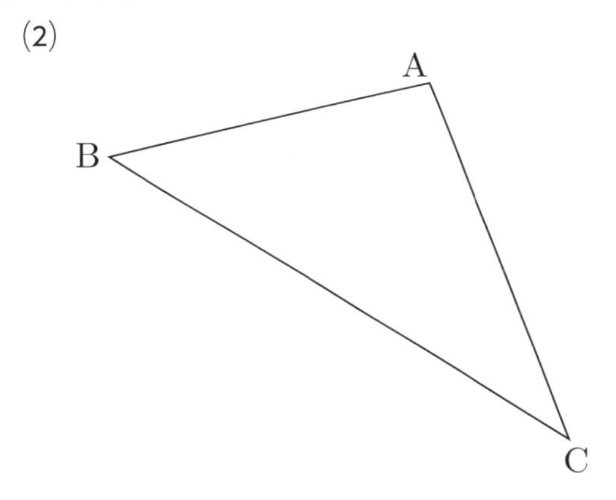

(3)

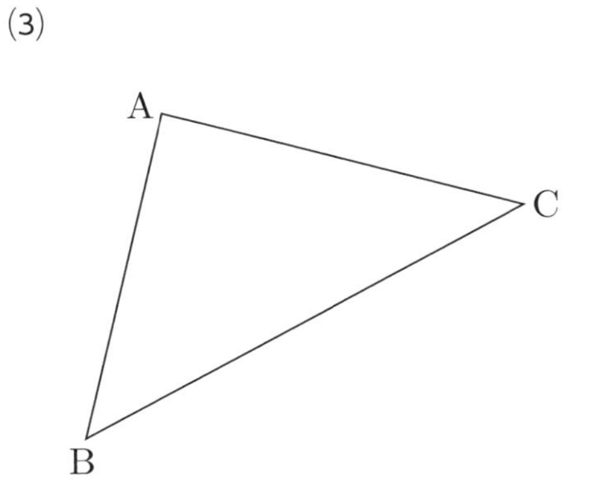

(4)

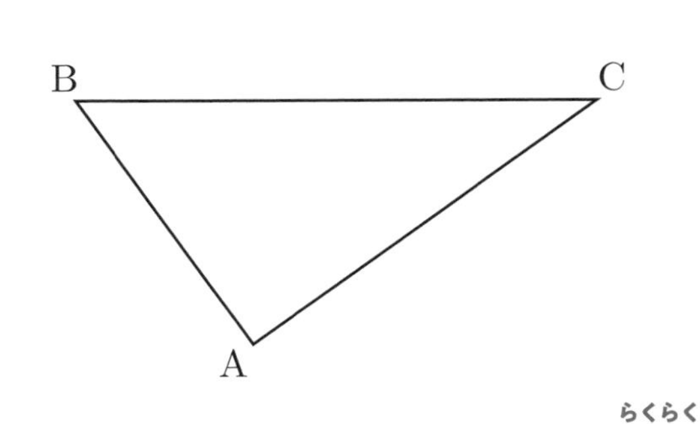

らくらく
マルつけ
Fa-06

基本の作図❷

答えと解き方➡別冊p.5

❶ 次の図に，線分(せんぶん)ABの垂直二等分線を作図しなさい。

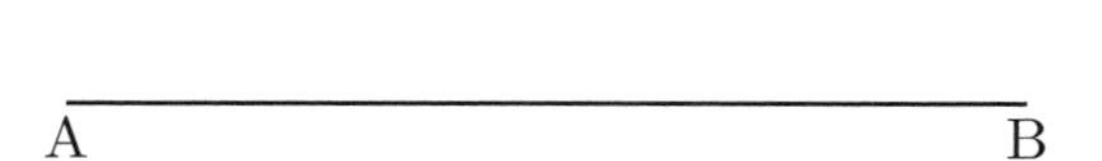

❷ 次の図の線分ABの中点(ちゅうてん)Mを，作図によって求めなさい。

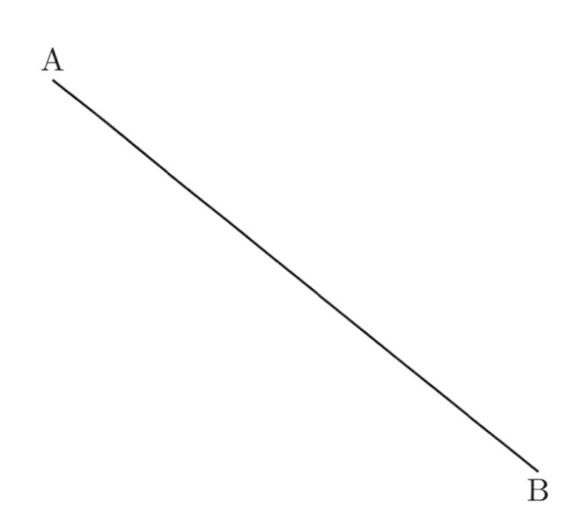

ヒント

❶ 2点A，Bを中心とする，等しい半径の円をかき，2つの円の交点を通る直線をひく。

❷ 線分ABの垂直二等分線と線分ABとの交点が，線分ABの中点になる。

❸ 次の図に，線分ABの垂直二等分線を作図しなさい。

(1)

(2)

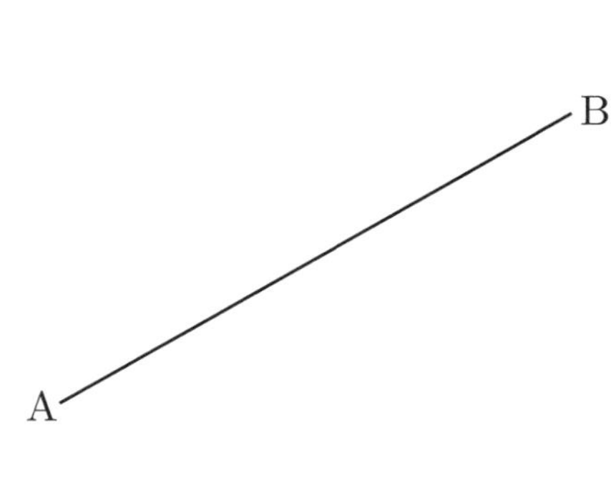

(3)

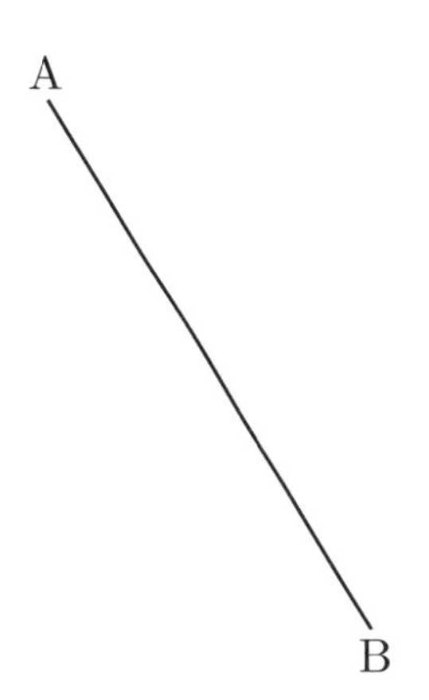

(4)

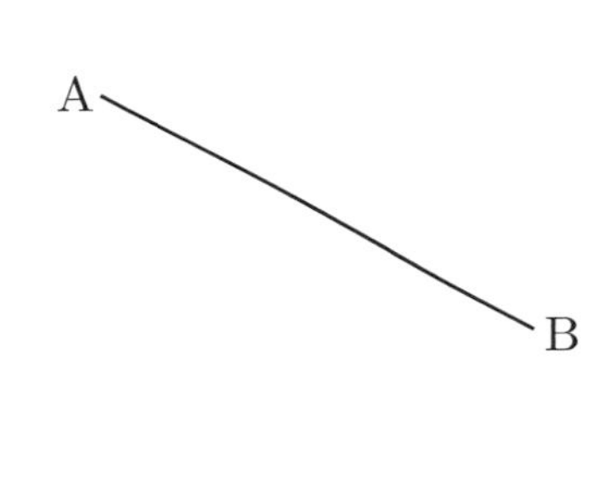

❹ 次の図の辺ABの中点Mを，作図によって求めなさい。

(1)

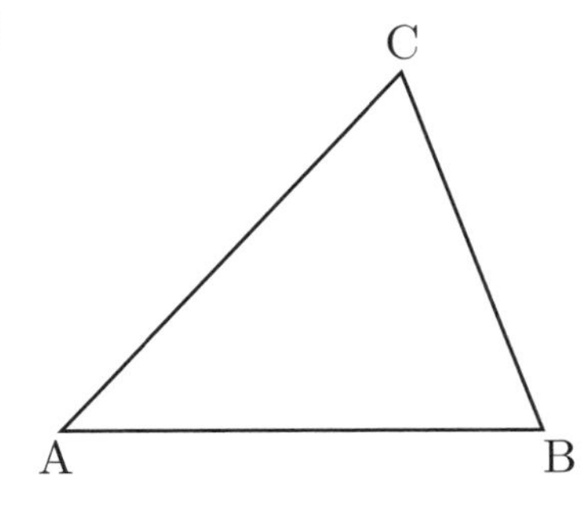

(2)

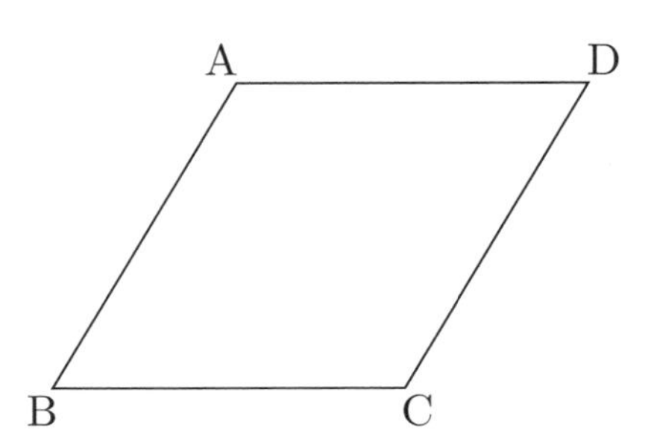

らくらく
マルつけ

Fa-07

基本の作図③

答えと解き方➡別冊p.6

❶ 次の図に，∠AOBの二等分線を作図しなさい。

(1)

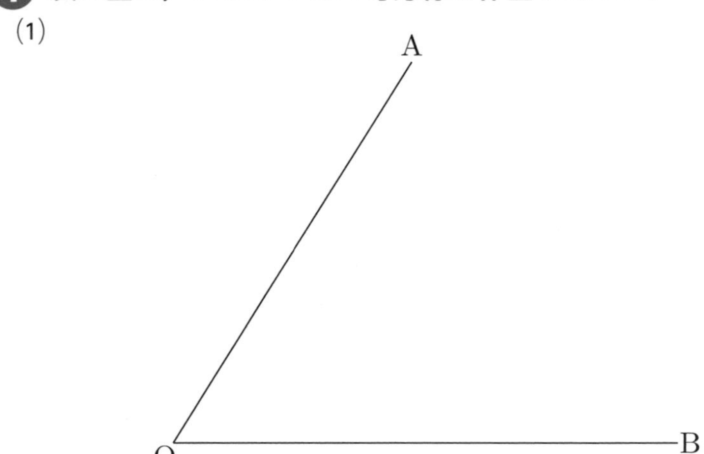

(2)

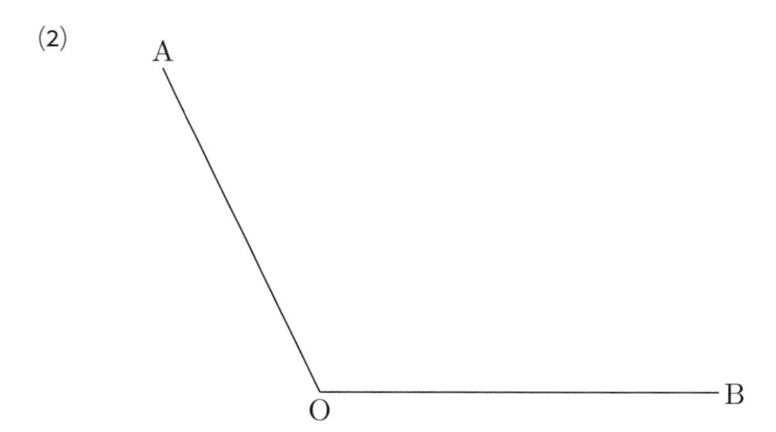

ヒント

❶ (1)点Oを中心とする円をかき，AOとの交点，BOとの交点から等しい半径の円をかく。これら2つの円の交点と点Oを通る直線をひく。
(2)90°より大きい角の二等分線も同様に作図すればよい。

❷ 次の図に，∠AOBの二等分線を作図しなさい。

(1)

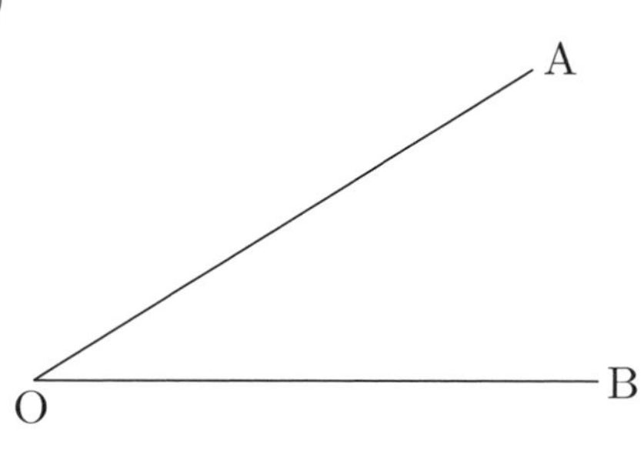

(2)

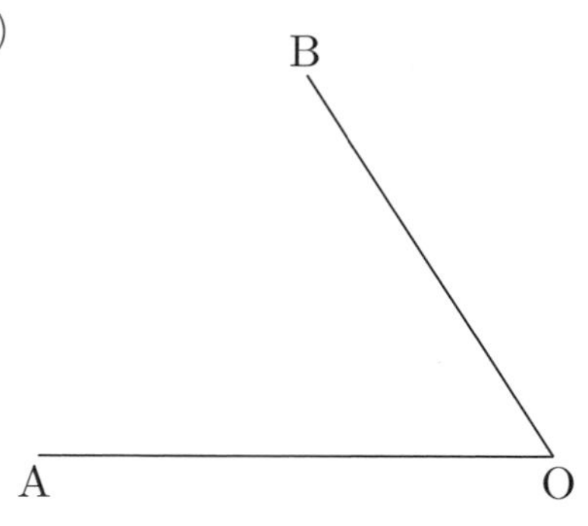

(3)

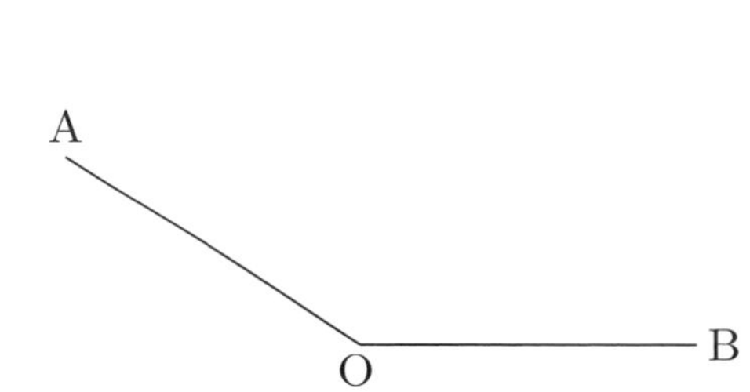

(4)

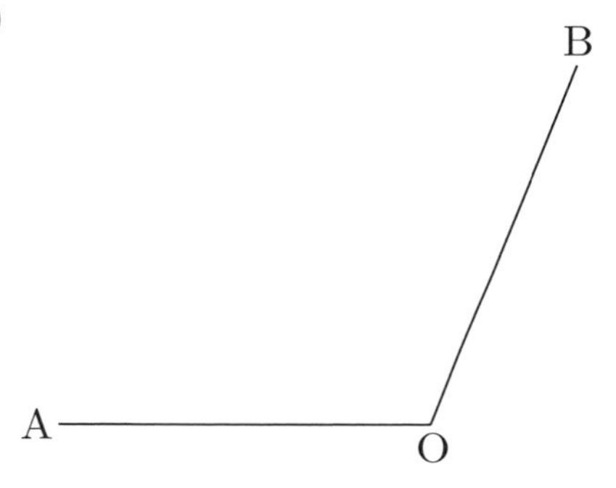

(5)

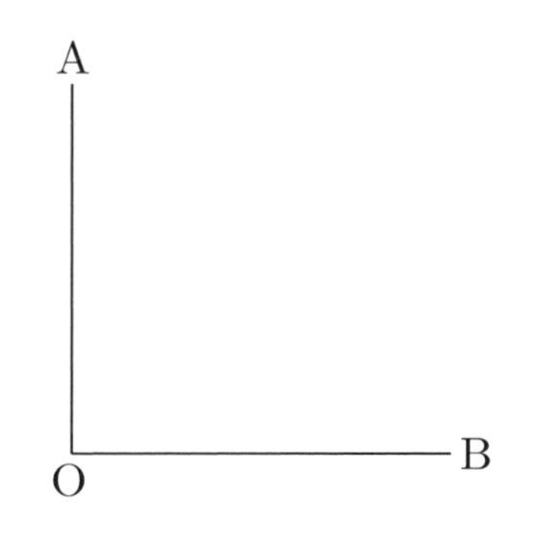

(6)

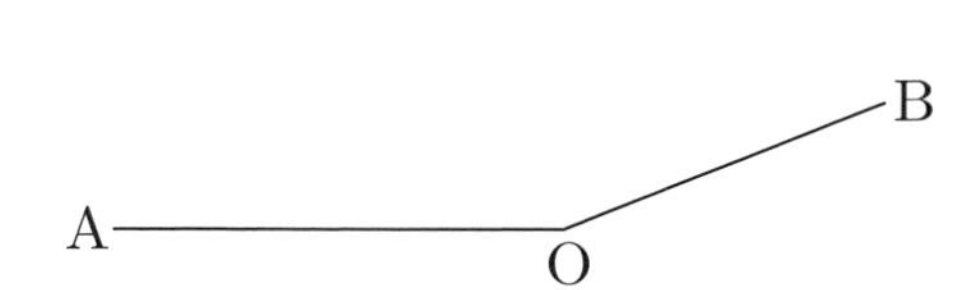

らくらく
マルつけ

Fa-08

基本の作図❹

答えと解き方➡別冊p.7

❶ 次の図に，点Pを通り直線ℓに平行な直線を作図しなさい。ただし，はじめに点Pを通り直線ℓに垂直な直線をひき，その直線に垂直な直線をひいて作図するものとします。

P

ℓ

ヒント
❶ 垂直な直線を2回ひくことで，はじめの直線に平行な直線をひく。

❷ 次の図に，点Pを通り直線ℓに平行な直線を作図しなさい。ただし，はじめに直線ℓ上に点Aをとり，1辺の長さがAPであるひし形の性質を利用して作図するものとします。

P

ℓ

❷ ひし形の向かいあう辺が平行であることを利用する。
コンパスでAPの長さをとり，ひし形の頂点の位置を求める。

❸ 次の図に，点Pを通り直線ℓに平行な直線を作図しなさい。ただし，はじめに点Pを通り直線ℓに垂直な直線をひき，その直線に垂直な直線をひいて作図するものとします。

(1)

ℓ

P

(2)

P

ℓ

❹ 次の図に，点Pを通り直線ℓに平行な直線を作図しなさい。ただし，はじめに直線ℓ上に点Aをとり，1辺の長さがAPであるひし形の性質を利用して作図するものとします。

(1) (2)

(3) (4)

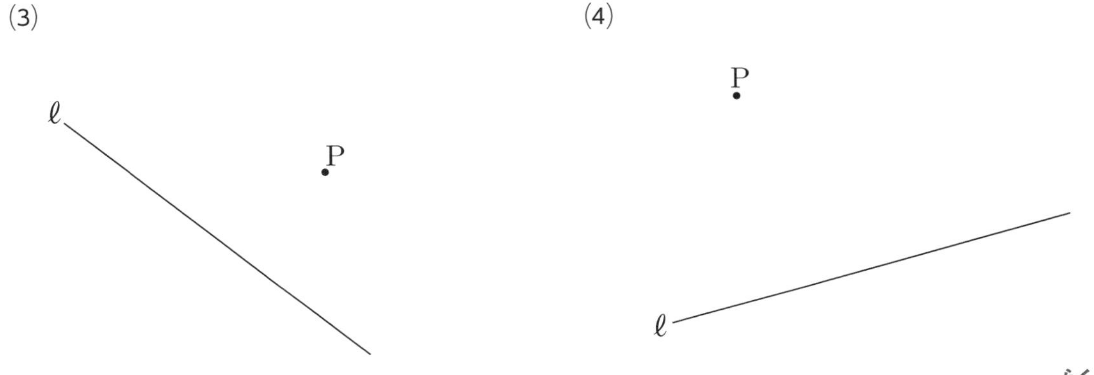

らくらく
マルつけ
Fa-09

基本の作図の利用❶

答えと解き方➡別冊p.8

❶ 次の図に，△ABCの3辺から等しい距離(きょり)にある点Pを作図しなさい。

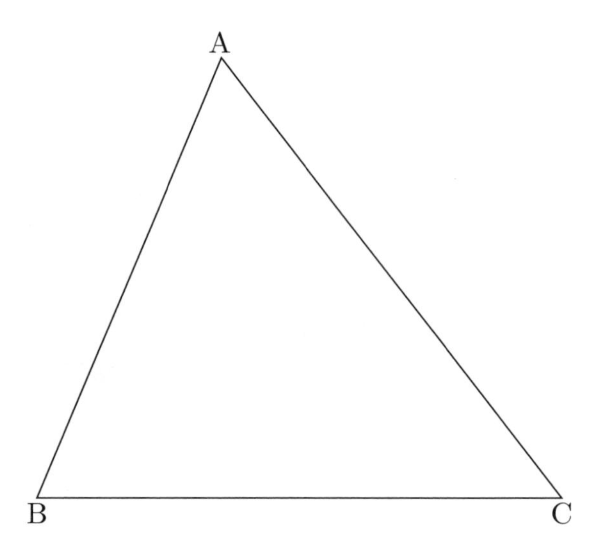

❷ 次の図に，AB，BC，CDから等しい距離にある点Pを作図しなさい。

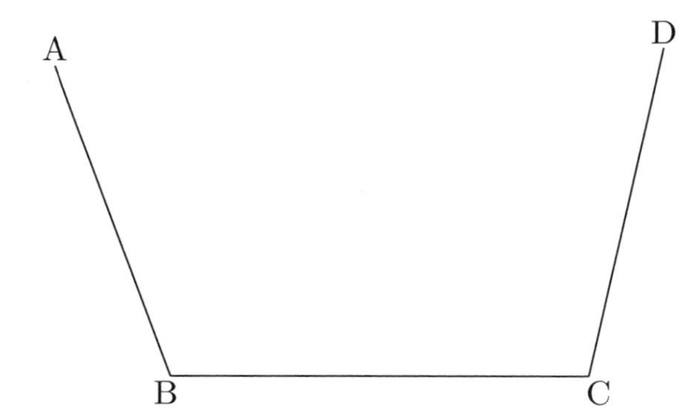

ヒント

❶ ∠ABCの二等分線と，∠BCAの二等分線をかき，それらの交点を点Pとする。

❷ 角度が90°より大きいときも❶と同じように作図すればよい。

3 次の図に，△ABCの3辺から等しい距離にある点Pを作図しなさい。

(1)

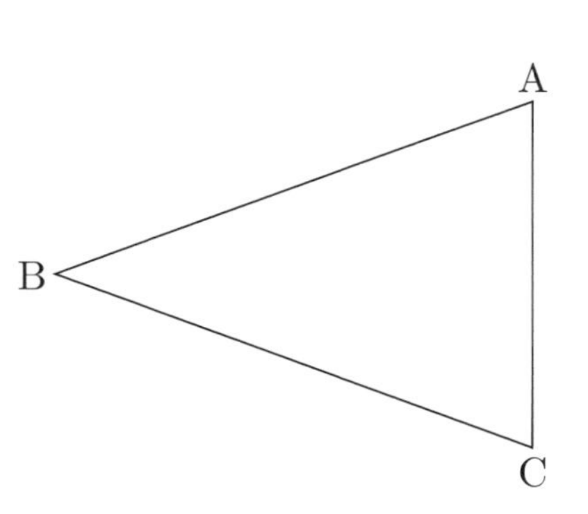

(2)

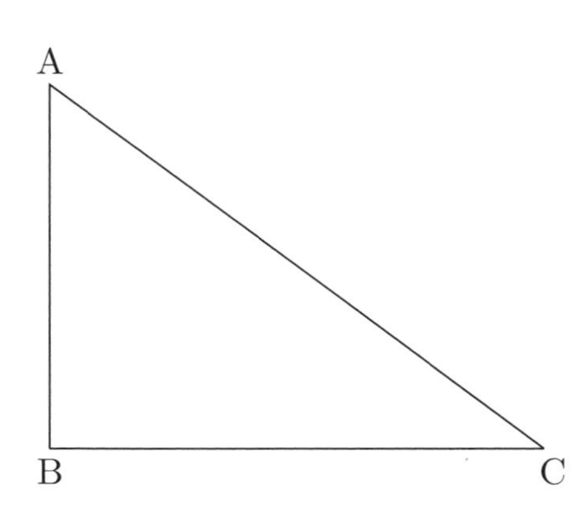

(3)

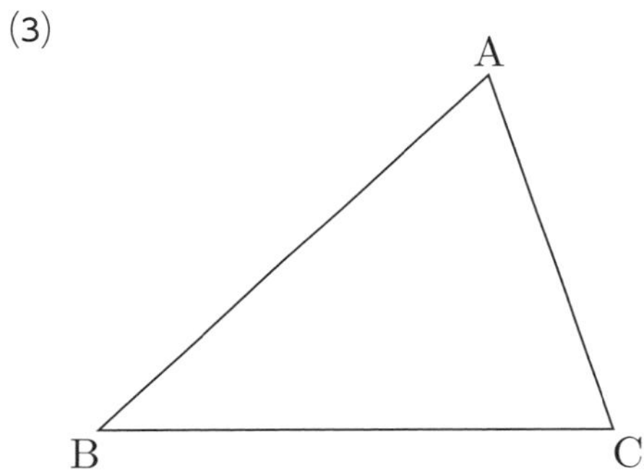

(4)

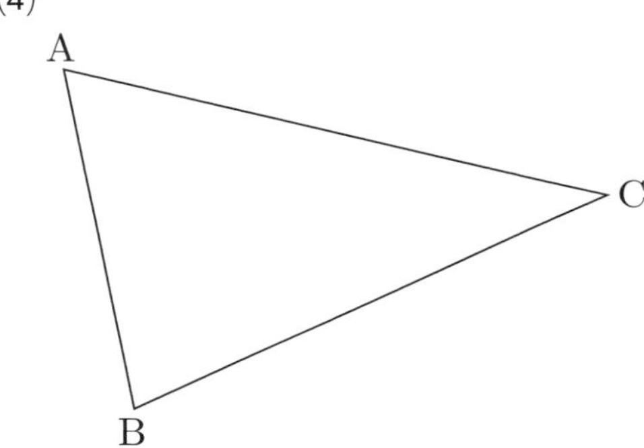

4 次の図に，AB，BC，CDから等しい距離にある点Pを作図しなさい。

(1)

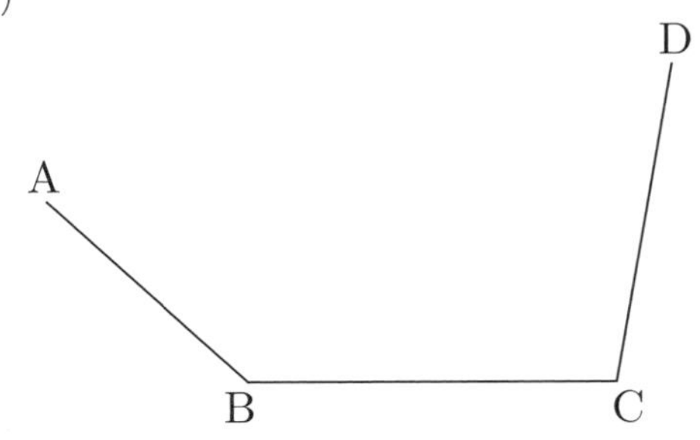

(2)

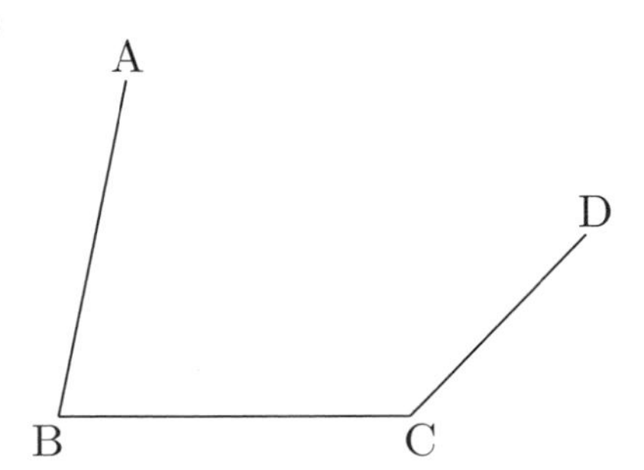

基本の作図の利用❷

答えと解き方➡別冊p.9

❶ 次の図に，2点A，Bからの距離（きょり）が等しく，直線ℓ上にある点Pを作図しなさい。

(1)

A•　　　　　　　　　　•B

ℓ ――――――――――――

(2)

A•

•B

ℓ ――――――――――――

ヒント
❶ 線分（せんぶん）ABの垂直二等分線をかき，直線ℓとの交点を点Pとする。

❷ 次の図に，2点A，Bからの距離が等しく，直線ℓ上にある点Pを作図しなさい。

(1)

ℓ

A

B

(2)

ℓ

A　B

(3)

•B

A•

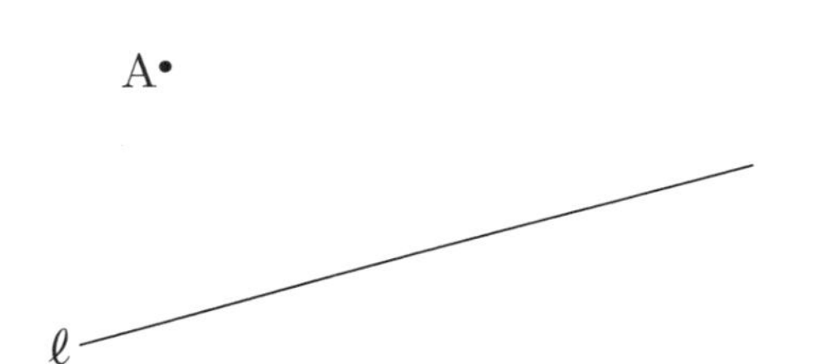

(4)

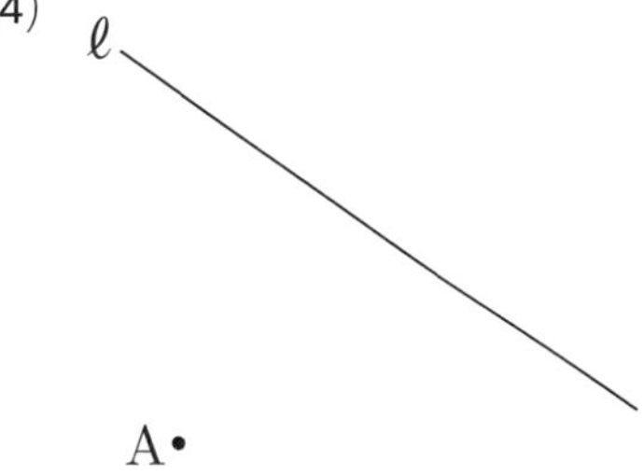

A•

•B

(5)

A

B

ℓ

(6)

•B

A•

ℓ

らくらく
マルつけ

Fa-11

基本の作図の利用③

答えと解き方➡別冊p.10

❶ 次の図の直線ℓ上に，AP＋PBが最小になる点Pを作図しなさい。

(1)

A

B

ℓ

(2)

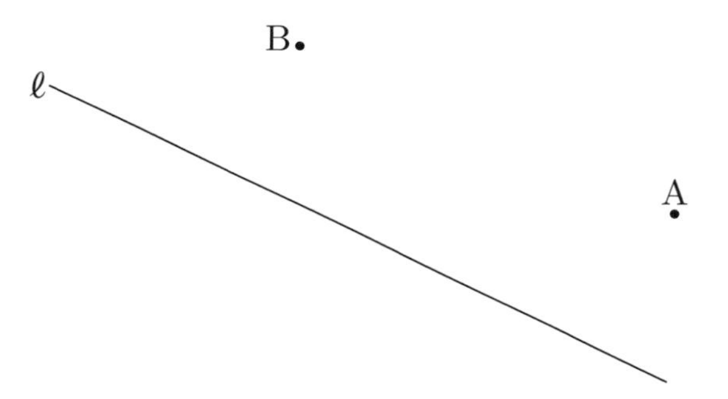

ヒント

❶ (1)点Aから直線ℓに垂直な直線をひく。直線ℓを対称(たいしょう)の軸(じく)として点Aに線対称な点の位置を求める。線対称な点と点Bを通る直線をひき，直線ℓとの交点を点Pとする。
(2)上記の手順の点Aと点Bを逆にしても，点Pの位置は同じになる。

❷ 次の図の直線ℓ上に，AP＋PBが最小になる点Pを作図しなさい。

(1)

ℓ

A

B

(2)

ℓ

A　　　B

(3)

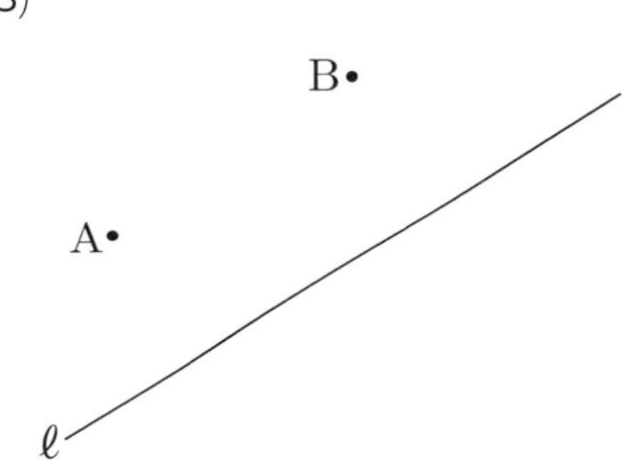

(4)

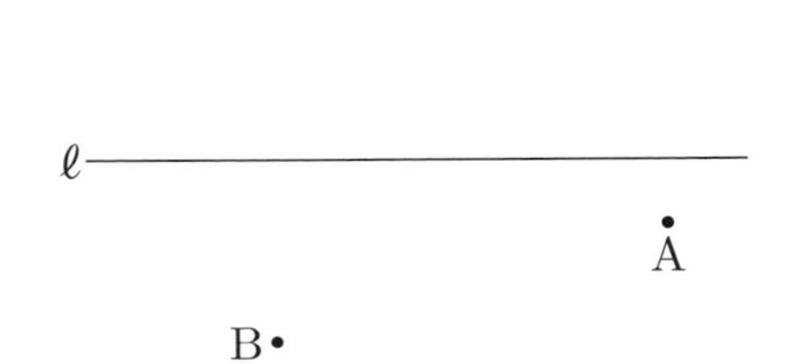

(5)

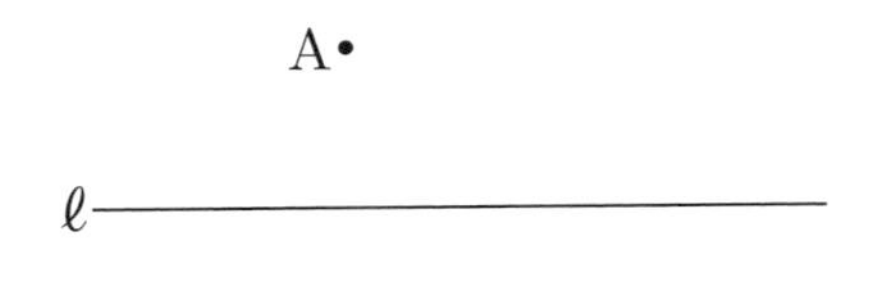

(6)

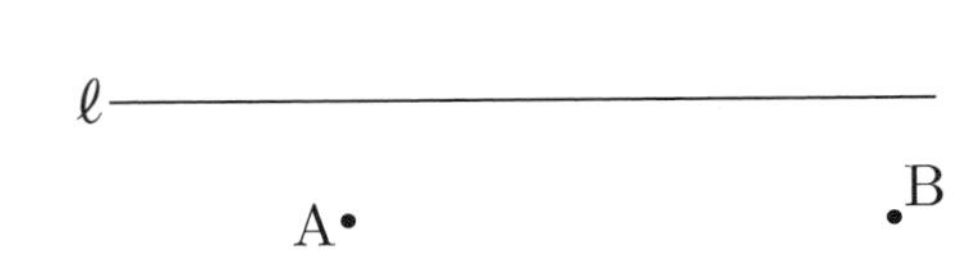

らくらく
マルつけ

Fa-12

13 基本の作図の利用❹

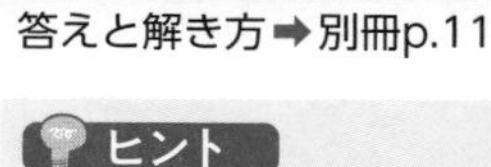

答えと解き方➡別冊p.11

❶ 次の図に，∠AOB＝45°となる点Aを作図しなさい。

❷ 次の図に，∠AOB＝60°となる点Aを作図しなさい。

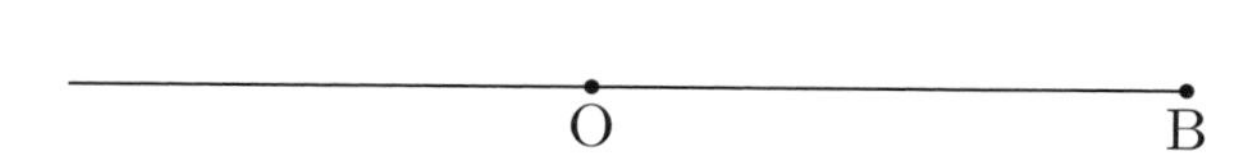

ヒント

❶ はじめに，点Oを通り，直線OBに垂直な直線をひくことで90°をつくる。次に90°の二等分線によって45°をつくる。

❷ コンパスでOBの長さをとり，1辺の長さがOBである正三角形の頂点の位置を求める。

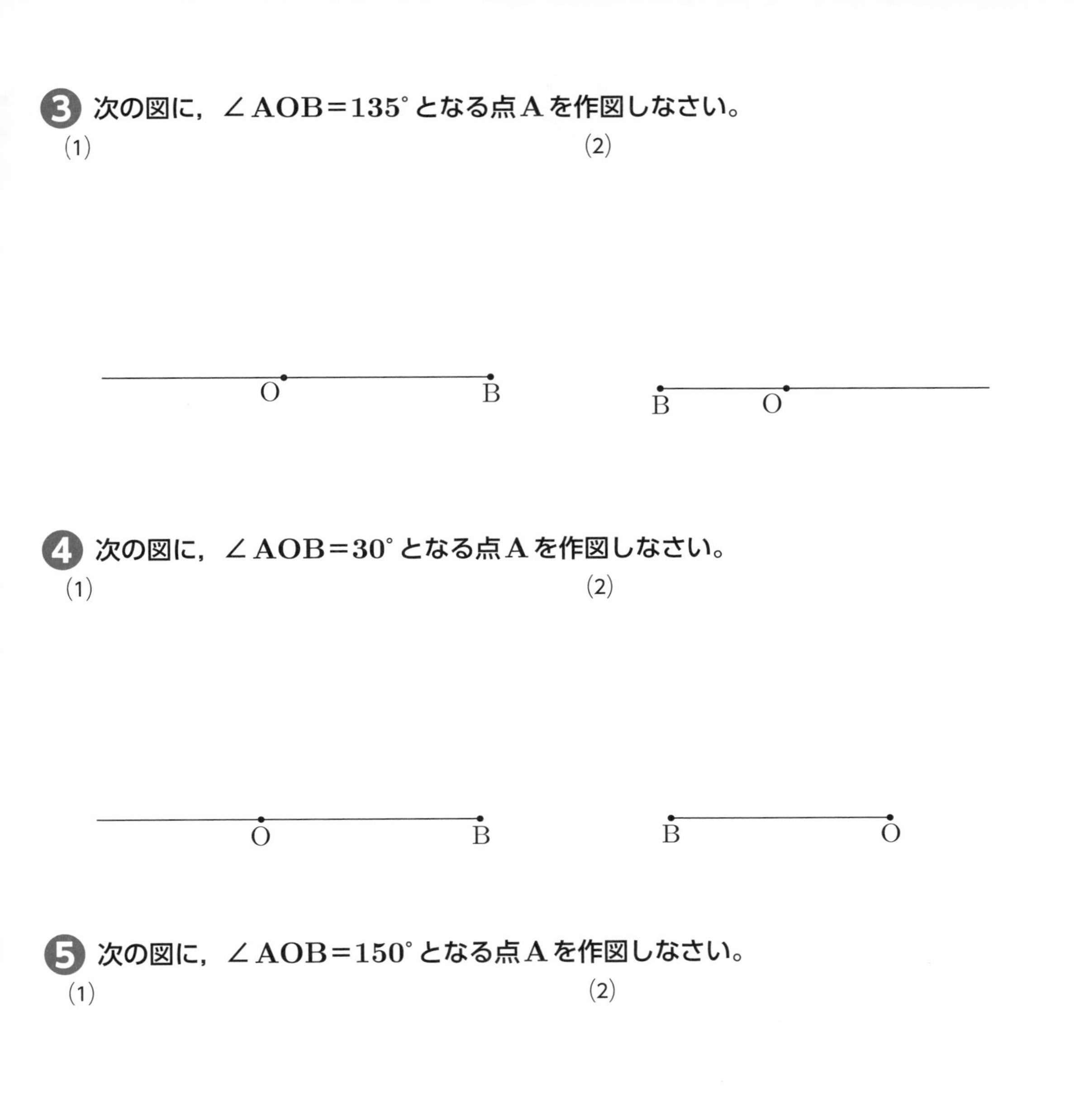

3 次の図に，$\angle \mathrm{AOB}=135^\circ$ となる点Aを作図しなさい。

(1)

(2)

4 次の図に，$\angle \mathrm{AOB}=30^\circ$ となる点Aを作図しなさい。

(1)

(2)

5 次の図に，$\angle \mathrm{AOB}=150^\circ$ となる点Aを作図しなさい。

(1)

O　B

(2)

B　O

円の性質

答えと解き方➡別冊p.12

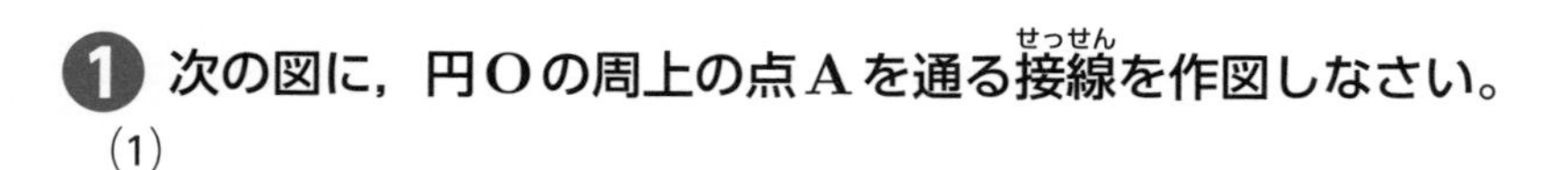

❶ 次の図に，円Oの周上の点Aを通る接線（せっせん）を作図しなさい。

(1)

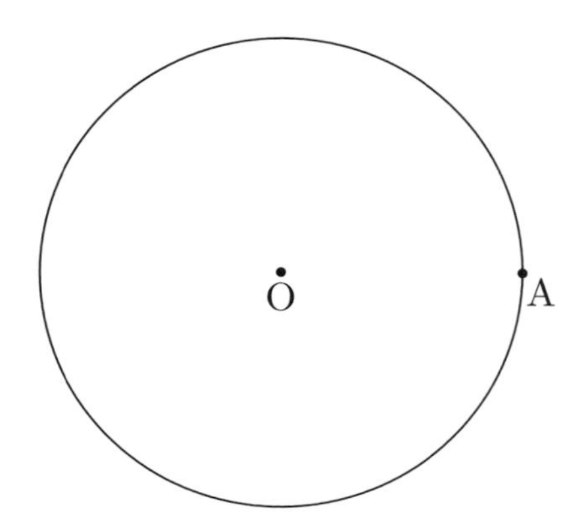

(2)

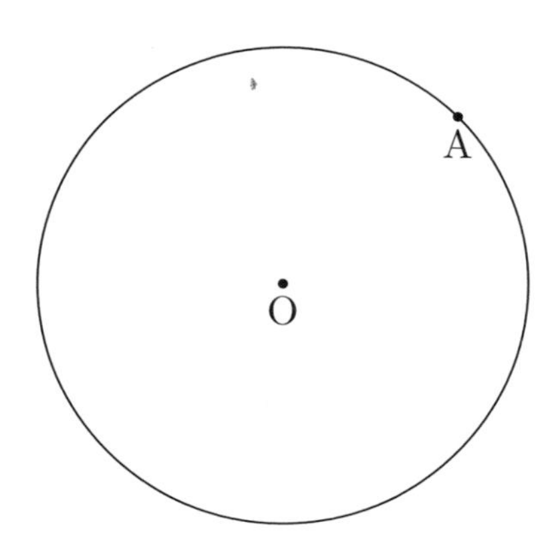

ヒント

❶ はじめに，2点O，Aを通る直線をひく。次に，点Aを通り，直線OAに垂直な直線をひく。

❷ 次の図に，円Oの周上の点Aを通る接線を作図しなさい。

(1)

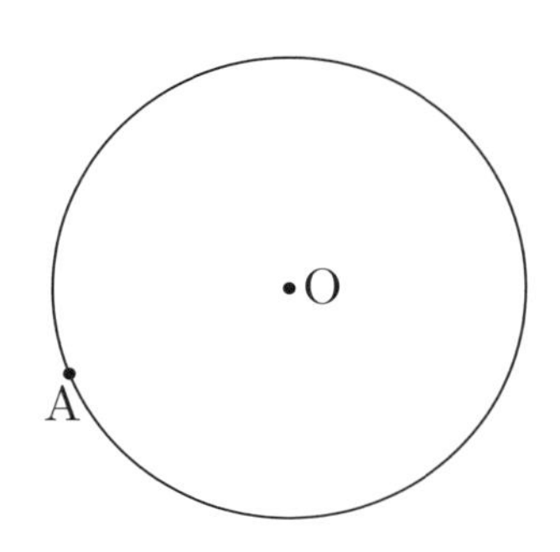

(2)

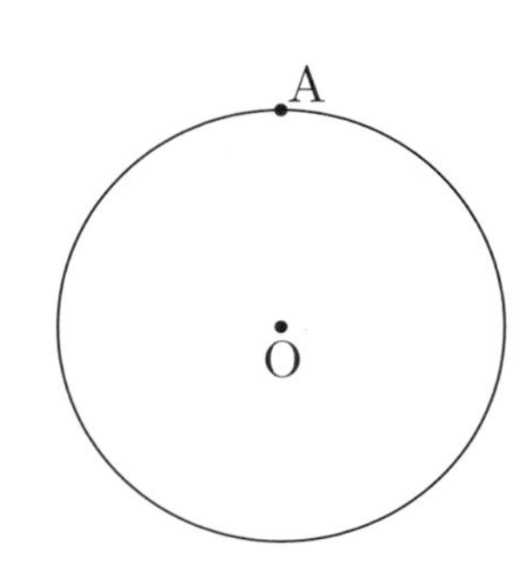

(3)

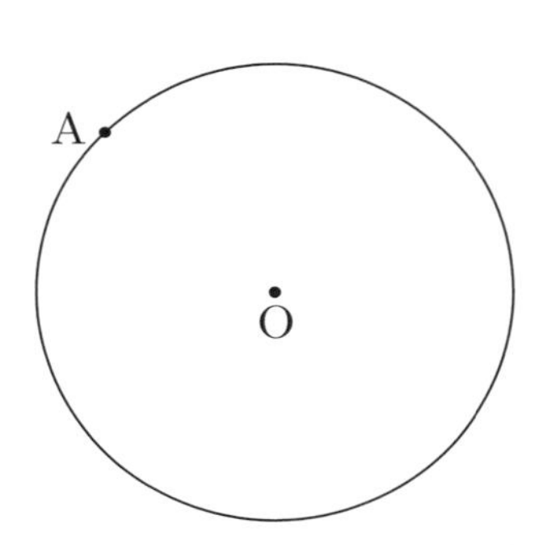

(4)

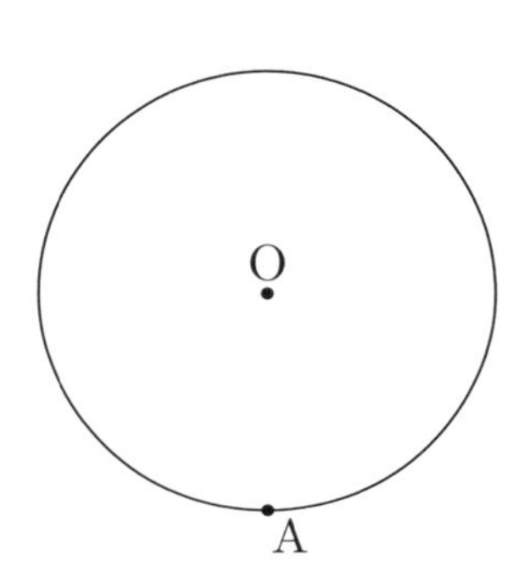

(5)

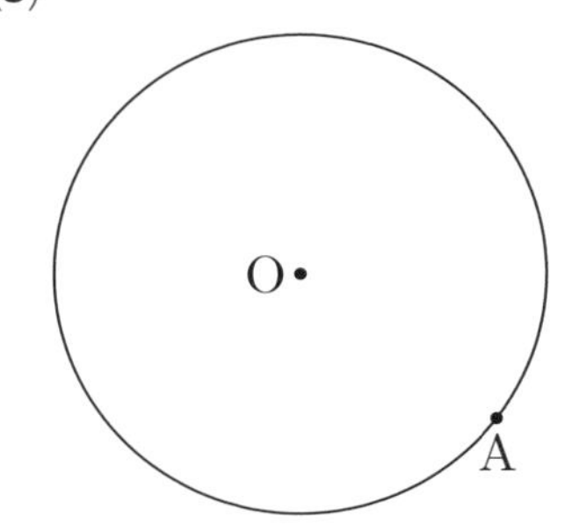

(6)

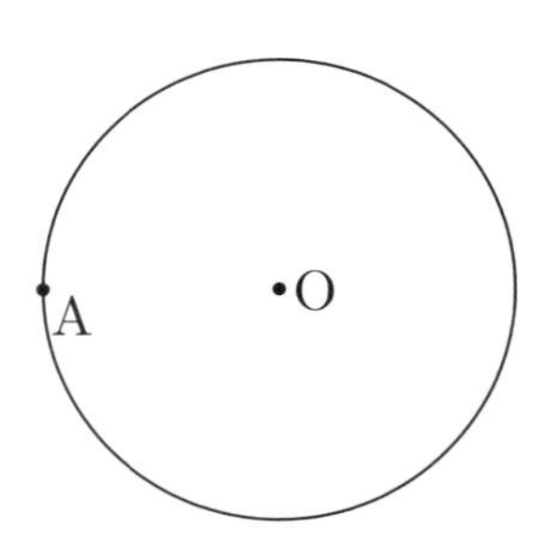

らくらく
マルつけ

Fa-14

円の周の長さ

答えと解き方➡別冊p.13

❶ 次の円の周の長さを求めなさい。ただし，円周率はπとします。

(1)

8cm

(　　　　　　　　)

(2)

6cm

(　　　　　　　　)

❷ 次の長さを求めなさい。ただし，円周率はπとします。

(1)　直径が10cmの円の周

(　　　　　　　　)

(2)　半径が3cmの円の周

(　　　　　　　　)

(3)　周の長さが4πcmである円の直径

(　　　　　　　　)

(4)　周の長さが18πcmである円の半径

(　　　　　　　　)

ヒント

❶ (1)直径×πで求める。
(2)半径×2×πで求める。

❷ (1)直径×πで求める。
(2)半径×2×πで求める。
(3)円の直径を$x$cmとして方程式を利用する。
(4)円の半径を$x$cmとして方程式を利用する。

❸ 次の円の周の長さを求めなさい。ただし，円周率はπとします。

(1)

11cm

(　　　　　　)

(2)

7cm

(　　　　　　)

❹ 次の長さを求めなさい。ただし，円周率はπとします。

(1) 直径が9cmの円の周

(　　　　　　)

(2) 半径が12cmの円の周

(　　　　　　)

(3) 半径が15cmの円の周

(　　　　　　)

(4) 周の長さが15πcmである円の直径

(　　　　　　)

(5) 周の長さが22πcmである円の半径

(　　　　　　)

円の面積

答えと解き方➡別冊p.13

❶ 次の円の面積を求めなさい。ただし，円周率はπとします。

(1)

5cm

(　　　　　　　　)

(2)

6cm

(　　　　　　　　)

❷ 次の円の面積を求めなさい。ただし，円周率はπとします。

(1)　半径が10cmの円

(　　　　　　　　)

(2)　半径が6cmの円

(　　　　　　　　)

(3)　直径が4cmの円

(　　　　　　　　)

(4)　直径が8cmの円

(　　　　　　　　)

ヒント

❶ (1)半径×半径×πで求める。
(2)はじめに半径を求める。

❷ (1)(2)半径×半径×πで求める。
(3)(4)はじめに半径を求める。

❸ 次の円の面積を求めなさい。ただし，円周率はπとします。

(1)

9cm

(　　　　　　　　)

(2)

14cm

(　　　　　　　　)

❹ 次の円の面積を求めなさい。ただし，円周率はπとします。

(1) 半径が11cmの円

(　　　　　　　　)

(2) 半径が1cmの円

(　　　　　　　　)

(3) 直径が16cmの円

(　　　　　　　　)

(4) 直径が24cmの円

(　　　　　　　　)

(5) 直径が40cmの円

(　　　　　　　　)

らくらく
マルつけ

Fa-16

おうぎ形の弧の長さ

答えと解き方➡別冊p.14

❶ 次のおうぎ形の弧の長さを求めなさい。ただし，円周率はπとします。

(1)

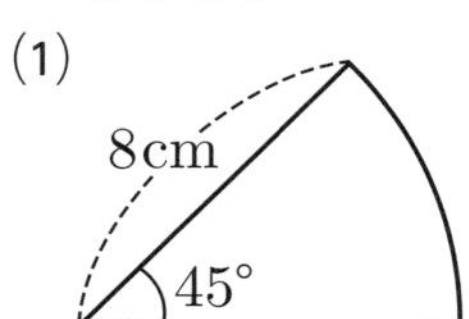

(　　　　　　　　)

(2)

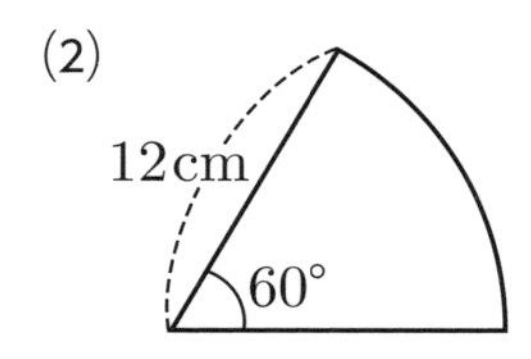

(　　　　　　　　)

❷ 次のおうぎ形の弧の長さを求めなさい。ただし，円周率はπとします。

(1)　半径が10cm，中心角が72°

(　　　　　　　　)

(2)　半径が9cm，中心角が120°

(　　　　　　　　)

(3)　半径が18cm，中心角が30°

(　　　　　　　　)

(4)　半径が5cm，中心角が36°

(　　　　　　　　)

ヒント

❶ (1)$2\pi \times 8 \times \frac{45}{360}$

(2)$2\pi \times 12 \times \frac{60}{360}$

❷ (1)$2\pi \times 10 \times \frac{72}{360}$

(2)$2\pi \times 9 \times \frac{120}{360}$

(3)$2\pi \times 18 \times \frac{30}{360}$

(4)$2\pi \times 5 \times \frac{36}{360}$

3 次のおうぎ形の弧の長さを求めなさい。ただし，円周率はπとします。

(1)

24cm

30°

(　　　　　　　)

(2)

15cm

120°

(　　　　　　　)

4 次のおうぎ形の弧の長さを求めなさい。ただし，円周率はπとします。

(1) 半径が12cm，中心角が45°

(　　　　　　　)

(2) 半径が24cm，中心角が15°

(　　　　　　　)

(3) 半径が6cm，中心角が240°

(　　　　　　　)

(4) 半径が9cm，中心角が80°

(　　　　　　　)

(5) 半径が24cm，中心角が150°

(　　　　　　　)

らくらく
マルつけ

Fa-17

おうぎ形の面積

答えと解き方➡別冊p.14

❶ 次のおうぎ形の面積を求めなさい。ただし，円周率はπとします。

(1)

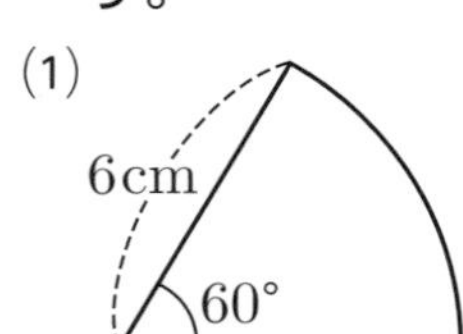

(　　　　　　　　　)

(2)

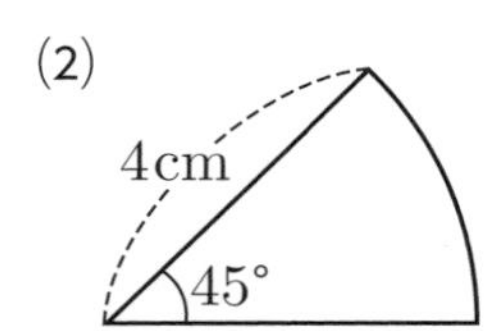

(　　　　　　　　　)

❷ 次のおうぎ形の面積を求めなさい。ただし，円周率はπとします。

(1)　半径が6cm，中心角が30°

(　　　　　　　　　)

(2)　半径が3cm，中心角が120°

(　　　　　　　　　)

(3)　半径が5cm，中心角が72°

(　　　　　　　　　)

(4)　半径が8cm，中心角が270°

(　　　　　　　　　)

ヒント

❶ (1)$\pi \times 6^2 \times \frac{60}{360}$

(2)$\pi \times 4^2 \times \frac{45}{360}$

❷ (1)$\pi \times 6^2 \times \frac{30}{360}$

(2)$\pi \times 3^2 \times \frac{120}{360}$

(3)$\pi \times 5^2 \times \frac{72}{360}$

(4)$\pi \times 8^2 \times \frac{270}{360}$

3 次のおうぎ形の面積を求めなさい。ただし，円周率はπとします。

(1)

9cm　120°

(　　　　　)

(2)

6cm　150°

(　　　　　)

4 次のおうぎ形の面積を求めなさい。ただし，円周率はπとします。

(1) 半径が10cm，中心角が36°

(　　　　　)

(2) 半径が12cm，中心角が60°

(　　　　　)

(3) 半径が4cm，中心角が135°

(　　　　　)

(4) 半径が9cm，中心角が240°

(　　　　　)

(5) 半径が6cm，中心角が80°

(　　　　　)

らくらく
マルつけ

Fa-18

いろいろな図形の周の長さと面積❶

答えと解き方➡別冊p.15

❶ 次のおうぎ形の周の長さを求めなさい。ただし，円周率はπとします。

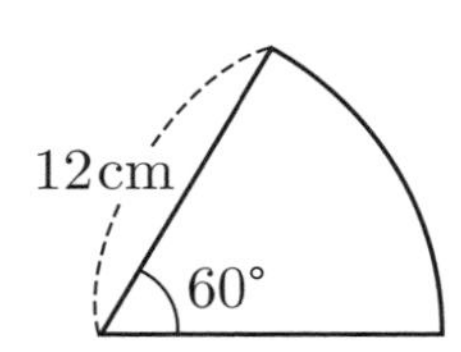

（　　　　　　　　　　　）

❷ 次の図形のかげのついた部分の，周の長さと面積を求めなさい。ただし，円周率はπとします。

(1)

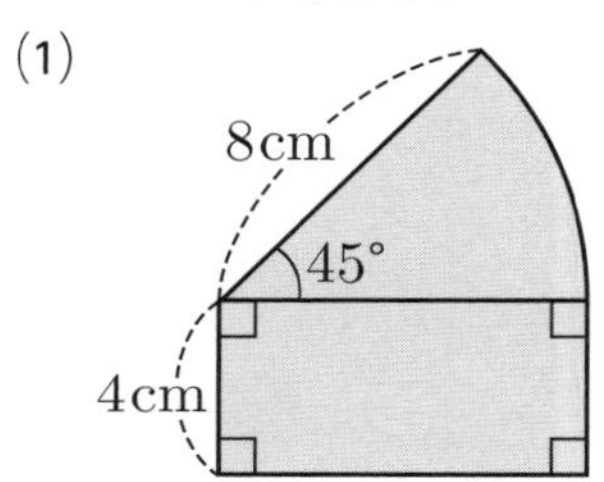

周の長さ（　　　　　　　　　　　）

面積（　　　　　　　　　　　）

(2)

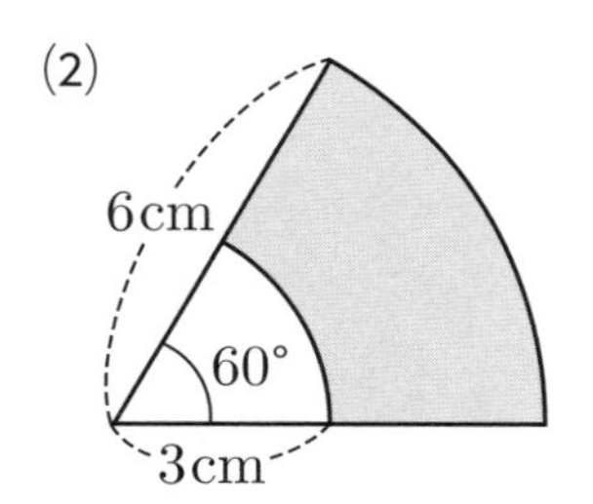

周の長さ（　　　　　　　　　　　）

面積（　　　　　　　　　　　）

ヒント

❶ おうぎ形の弧の長さに，半径をたして求める。

❷ (1)周の長さは，弧の長さに半径と線分の長さをたして求める。

面積は，おうぎ形の面積に長方形の面積をたして求める。

(2)周の長さは，大小2つのおうぎ形の弧の長さと線分の長さをたして求める。

面積は，大小2つのおうぎ形の面積の差を求める。

❸ 次のおうぎ形の周の長さを求めなさい。ただし，円周率はπとします。

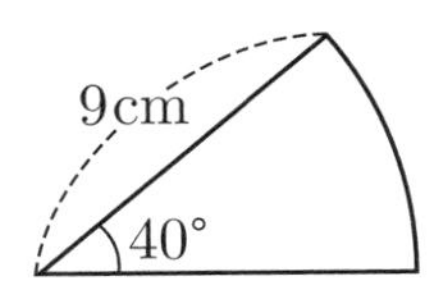

(　　　　　　　　　　　　)

❹ 次の図形のかげのついた部分の，周の長さと面積を求めなさい。ただし，円周率はπとします。

(1)

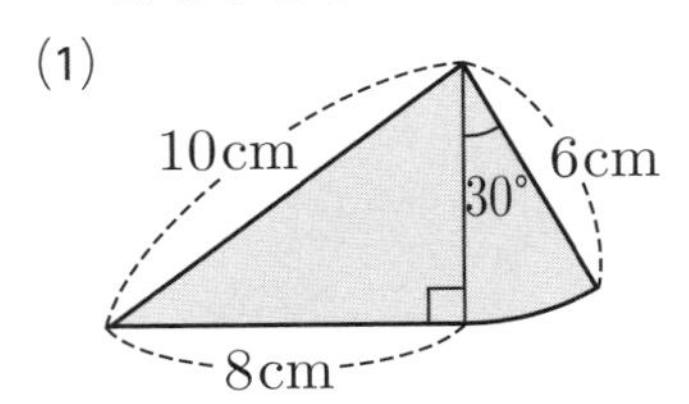

周の長さ (　　　　　　　　　　　　)

面積 (　　　　　　　　　　　　)

(2)

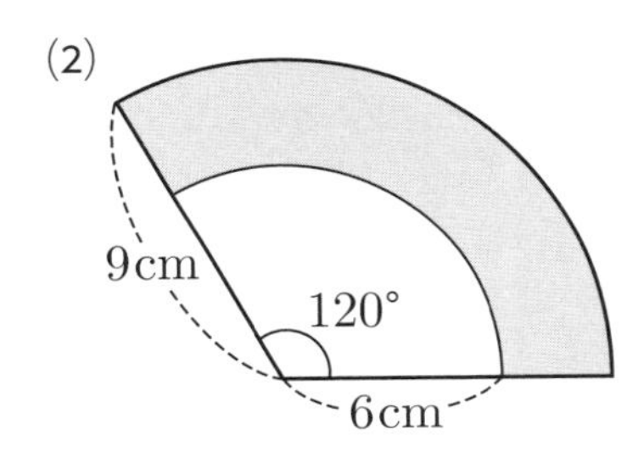

周の長さ (　　　　　　　　　　　　)

面積 (　　　　　　　　　　　　)

(3)

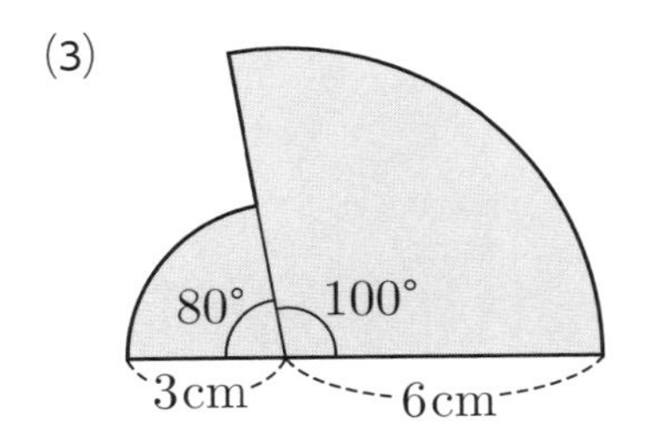

周の長さ (　　　　　　　　　　　　)

面積 (　　　　　　　　　　　　)

らくらく
マルつけ

Fa-19

いろいろな図形の周の長さと面積❷

答えと解き方➡別冊p.15

❶ 次の図形のかげのついた部分の，周の長さを求めなさい。ただし，円周率はπとします。

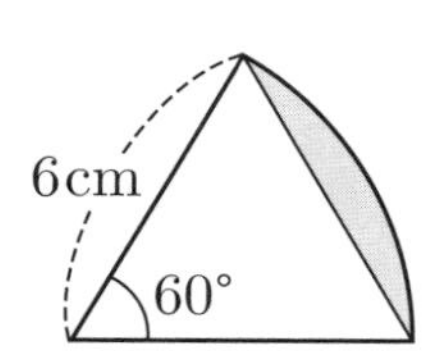

(　　　　　　　　　　)

❷ 次の図形のかげのついた部分の，周の長さと面積を求めなさい。ただし，円周率はπとします。

(1)

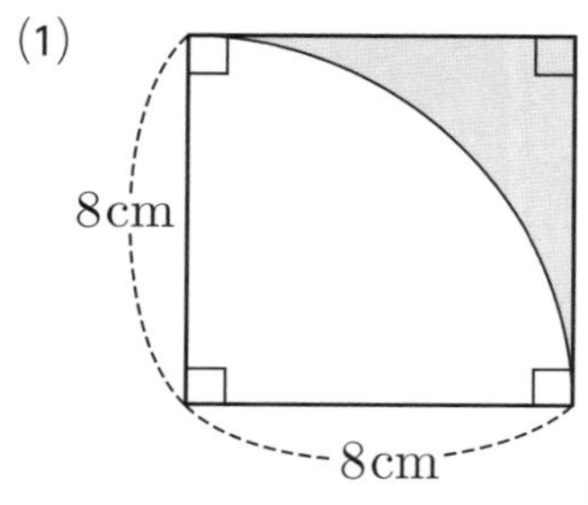

周の長さ (　　　　　　　　　　)

面積 (　　　　　　　　　　)

(2)

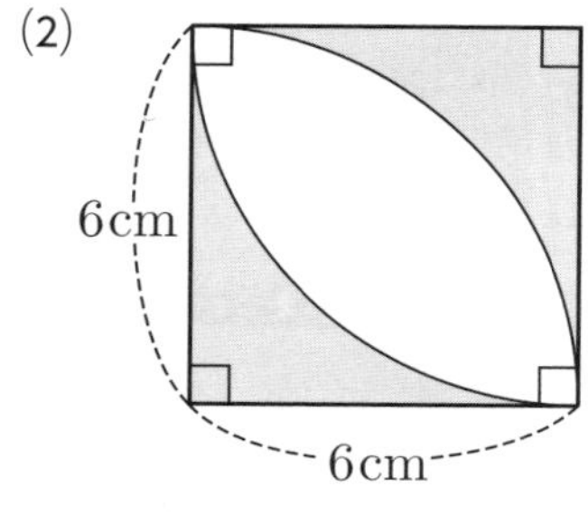

周の長さ (　　　　　　　　　　)

面積 (　　　　　　　　　　)

ヒント

❶ 三角形の部分は正三角形であるから，どの辺の長さも6cmである。

❷ (1)周の長さは，弧の長さに辺の長さをたして求める。

面積は，正方形の面積からおうぎ形の面積をひいて求める。

(2)周の長さは，弧の長さに辺の長さをたして求める。

面積は，正方形の面積からおうぎ形の面積をひいたものが2つあると考えて求める。

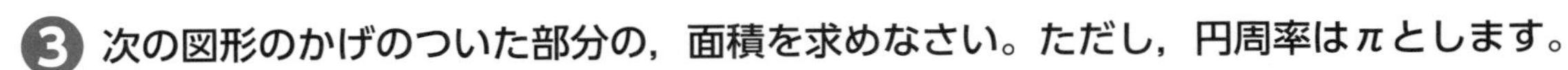

3 次の図形のかげのついた部分の，面積を求めなさい。ただし，円周率はπとします。

(1)

4cm

45°

(　　　　　　　　　　　　　　)

(2)

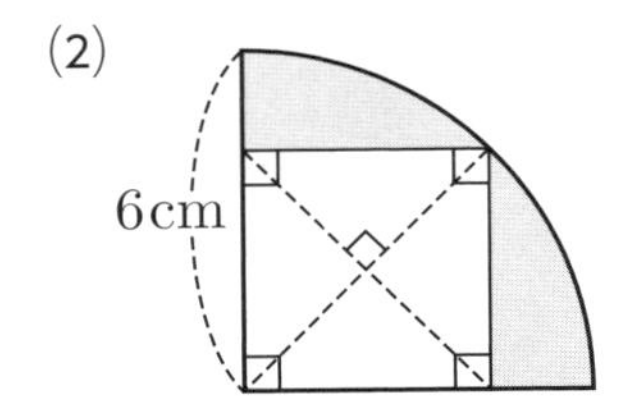

(　　　　　　　　　　　　　　)

4 次の図形のかげのついた部分の，周の長さと面積を求めなさい。ただし，円周率はπとします。

(1)

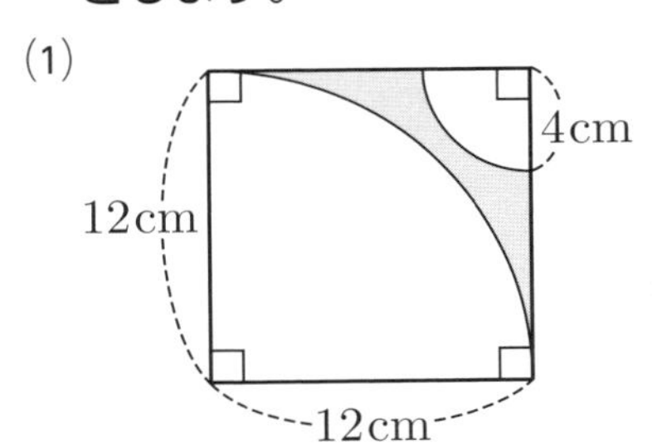

周の長さ (　　　　　　　　　　　　　　)

面積 (　　　　　　　　　　　　　　)

(2)

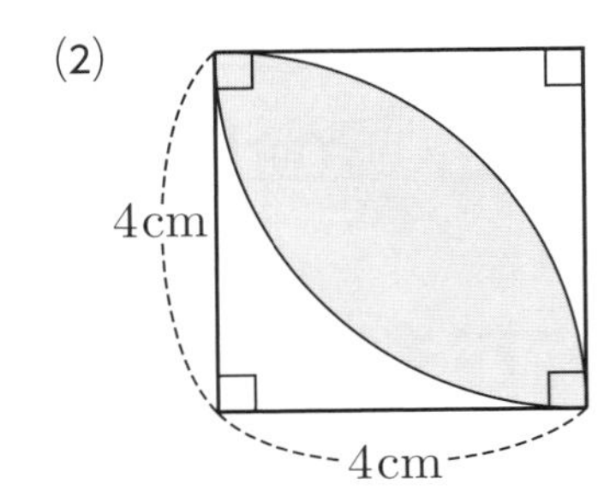

周の長さ (　　　　　　　　　　　　　　)

面積 (　　　　　　　　　　　　　　)

おうぎ形の中心角

答えと解き方➡別冊p.16

❶ 次のおうぎ形の中心角を求めなさい。ただし，円周率はπとします。

(1) 弧(こ)の長さが4π cm

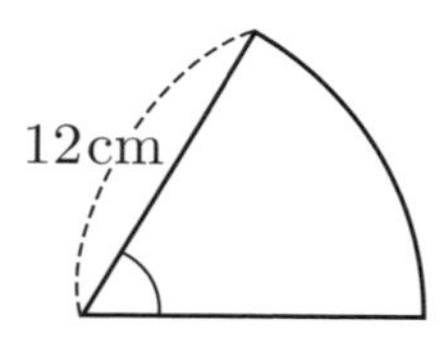

(　　　　　　　　)

(2) 面積が2π cm^2

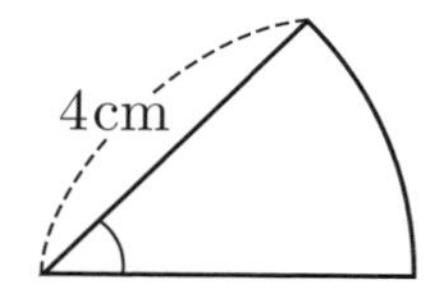

(　　　　　　　　)

❷ 次のおうぎ形の中心角を求めなさい。ただし，円周率はπとします。

(1) 半径が8cm，弧の長さが4π cm

(　　　　　　　　)

(2) 半径が9cm，弧の長さが6π cm

(　　　　　　　　)

(3) 半径が3cm，面積が2π cm^2

(　　　　　　　　)

(4) 半径が10cm，面積が20π cm^2

(　　　　　　　　)

ヒント

❶(1)360°に，円周に対する弧の長さの割合をかける。

$360^\circ \times \frac{4\pi}{2\pi \times 12}$

(2)360°に，円の面積に対するおうぎ形の面積の割合をかける。

$360^\circ \times \frac{2\pi}{\pi \times 4^2}$

❷(1)$360^\circ \times \frac{4\pi}{2\pi \times 8}$

(2)$360^\circ \times \frac{6\pi}{2\pi \times 9}$

(3)$360^\circ \times \frac{2\pi}{\pi \times 3^2}$

(4)$360^\circ \times \frac{20\pi}{\pi \times 10^2}$

3 次のおうぎ形の中心角を求めなさい。ただし，円周率はπとします。

(1) 弧の長さが2πcm

9cm

(　　　　)

(2) 面積が$15\pi\text{cm}^2$

6cm

(　　　　)

4 次のおうぎ形の中心角を求めなさい。ただし，円周率はπとします。

(1) 半径が8cm，弧の長さが6πcm

(　　　　)

(2) 半径が24cm，弧の長さが4πcm

(　　　　)

(3) 半径が5cm，弧の長さが4πcm

(　　　　)

(4) 半径が9cm，面積が$54\pi\text{cm}^2$

(　　　　)

(5) 半径が12cm，面積が$24\pi\text{cm}^2$

(　　　　)

らくらく
マルつけ

Fa-21

まとめのテスト❶

答えと解き方➡別冊p.16

❶ 次の正六角形の，平行な辺を3組選び，記号を使って答えなさい。 [10点]

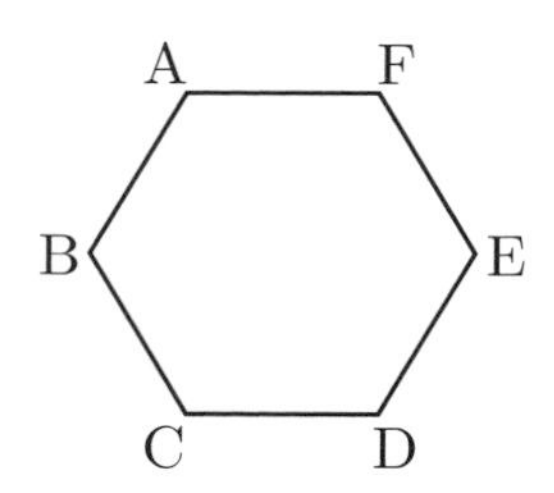

(　　　　　　　　　　　　　　　　)

❷ 次の，4つの正三角形をつなげた図形について，あとの問いに答えなさい。
[10点×3＝30点]

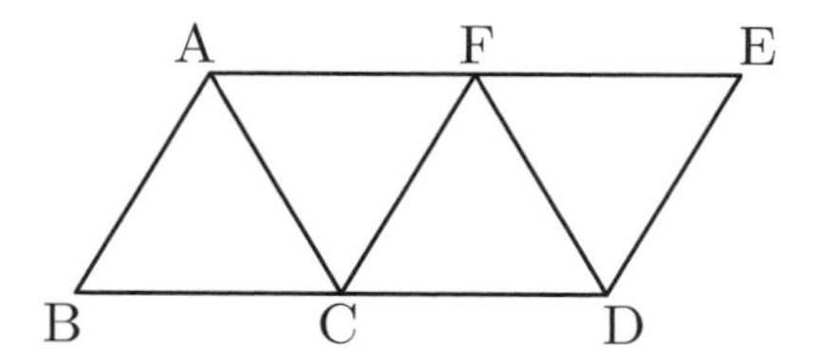

(1)　△ABCを平行移動させて重なる三角形をすべて答えなさい。

(　　　　　　　　)

(2)　△ACFを，点Fを中心に回転移動させて重なる三角形をすべて答えなさい。

(　　　　　　　　)

(3)　△ABCを対称(たいしょう)移動させて重なる三角形をすべて答えなさい。

(　　　　　　　　)

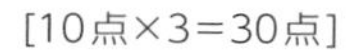

❸ 次の図に，2点A，Dからの距離(きょり)が等しく，辺BC上にある点Pを作図しなさい。 [10点]

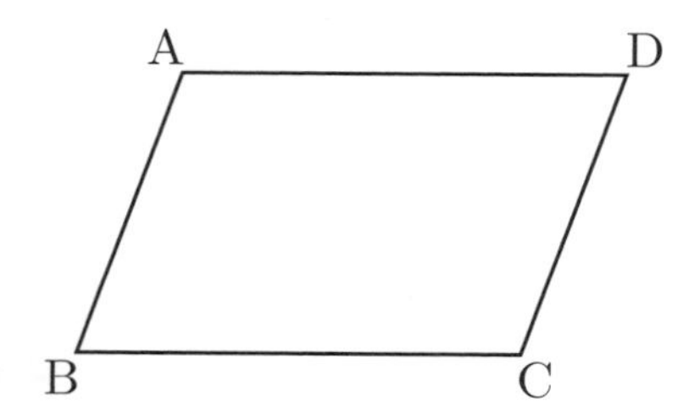

4 次の図に，$\angle AOB=120°$ となる点Aを作図しなさい。[10点]

5 次のおうぎ形の弧（こ）の長さを求めなさい。ただし，円周率はπとします。[8点×3=24点]

(1) 半径が12cm，中心角が135°

(　　　　　　　　)

(2) 半径が18cm，中心角が160°

(　　　　　　　　)

(3) 半径が6cm，中心角が210°

(　　　　　　　　)

6 次のおうぎ形の面積を求めなさい。ただし，円周率はπとします。[8点×2=16点]

(1) 半径が8cm，中心角が225°

(　　　　　　　　)

(2) 半径が6cm，弧の長さがπcm

(　　　　　　　　)

らくらく
マルつけ

Fa-22

多面体

答えと解き方➡別冊p.17

❶ 次の立体について，あとの問いに答えなさい。

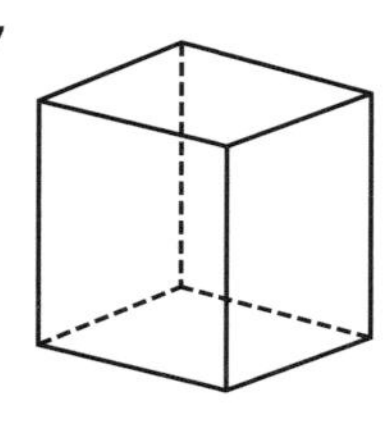
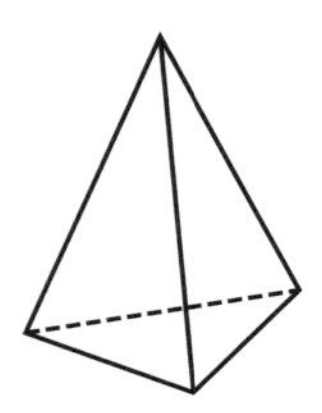

(1) アの立体の底面は何角形か答えなさい。

（　　　　　　）

(2) イの立体の側面は何角形か答えなさい。

（　　　　　　）

(3) アの立体の辺の数を答えなさい。

（　　　　　　）

(4) イの立体の頂点の数を答えなさい。

（　　　　　　）

❷ 次の展開図を組み立てた立体は何面体か答えなさい。

(1)

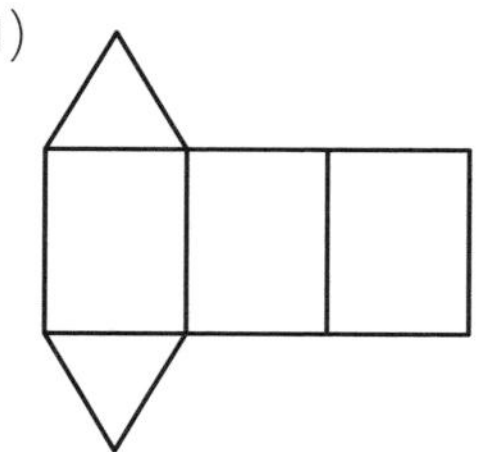

（　　　　　　）

(2)

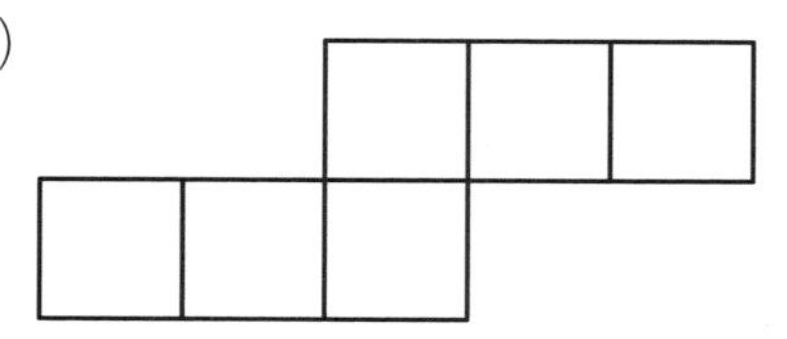

（　　　　　　）

ヒント

❶ (1)(2)底面と側面の位置を意識する。

❷ 展開図を組み立てるとどのような立体になるかを意識するとよい。

❸ 次の立体について，あとの問いに答えなさい。

ア

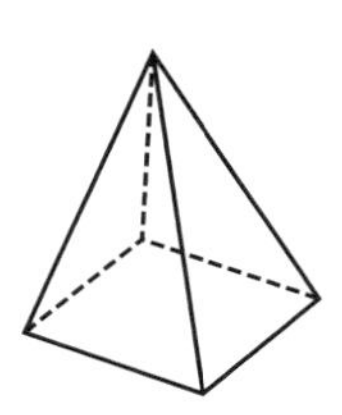

イ

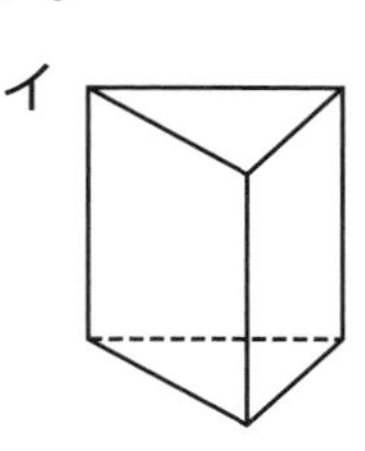

(1) アの立体の底面は何角形か答えなさい。

(　　　　　　　　)

(2) イの立体の側面は何角形か答えなさい。

(　　　　　　　　)

(3) アの立体の辺の数を答えなさい。

(　　　　　　　　)

(4) イの立体の辺の数を答えなさい。

(　　　　　　　　)

(5) アの立体の頂点の数を答えなさい。

(　　　　　　　　)

(6) イの立体の頂点の数を答えなさい。

(　　　　　　　　)

❹ 次の展開図を組み立てた立体は何面体か答えなさい。

(1)

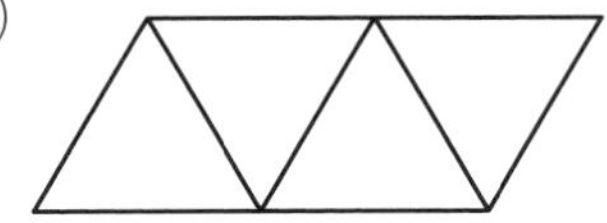

(　　　　　　　　)

(2)

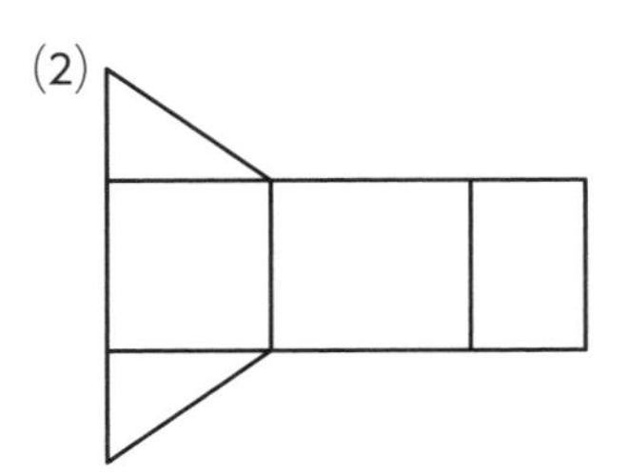

(　　　　　　　　)

らくらく
マルつけ

Fa-23

正多面体の頂点，辺，面

答えと解き方➡別冊p.17

❶ 次の立体について，あとの問いに答えなさい。

正四面体　　　　　　正六面体

(1) 正四面体の面の形を答えなさい。

(　　　　　　　　)

(2) 正四面体の辺の数を答えなさい。

(　　　　　　　　)

(3) 正四面体の頂点の数を答えなさい。

(　　　　　　　　)

(4) 正四面体の，面の数から辺の数をひき，頂点の数をたした数を求めなさい。

(　　　　　　　　)

(5) 正六面体の面の形を答えなさい。

(　　　　　　　　)

(6) 正六面体の辺の数を答えなさい。

(　　　　　　　　)

(7) 正六面体の頂点の数を答えなさい。

(　　　　　　　　)

(8) 正六面体の，面の数から辺の数をひき，頂点の数をたした数を求めなさい。

(　　　　　　　　)

ヒント

❶正多面体の面は，すべて合同な正多角形である。

(4)(8)どの正多面体でも同じ数になる。

❷ 次の立体について，あとの問いに答えなさい。

正八面体

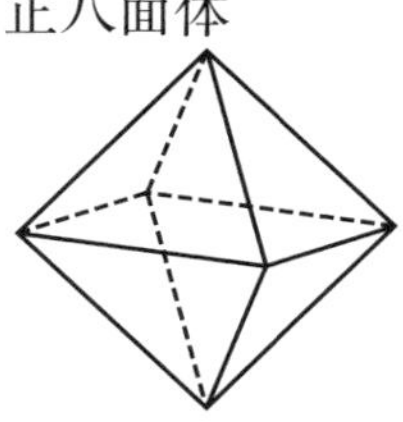

正十二面体

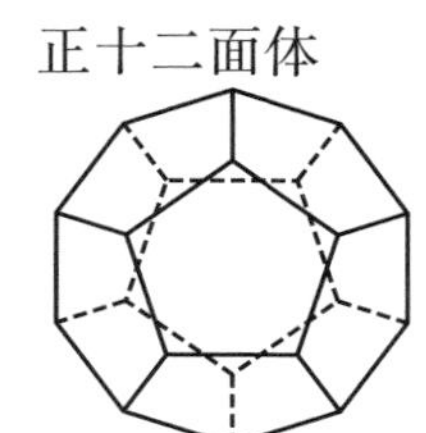

(1) 正八面体の面の形を答えなさい。

(　　　　　　　)

(2) 正八面体の辺の数を答えなさい。

(　　　　　　　)

(3) 正八面体の頂点の数を答えなさい。

(　　　　　　　)

(4) 正八面体の，面の数から辺の数をひき，頂点の数をたした数を求めなさい。

(　　　　　　　)

(5) 正十二面体の面の形を答えなさい。

(　　　　　　　)

(6) 正十二面体の辺の数を答えなさい。

(　　　　　　　)

(7) 正十二面体の頂点の数を答えなさい。

(　　　　　　　)

(8) 正十二面体の，面の数から辺の数をひき，頂点の数をたした数を求めなさい。

(　　　　　　　)

❸ 正二十面体の辺の数は30である。また，面の数から辺の数をひき，頂点の数をたすと2となる。正二十面体の頂点の数を求めなさい。

(　　　　　　　)

らくらく
マルつけ

Fa-24

2直線の位置関係

答えと解き方➡別冊p.17

❶ 次の直方体について，あとの問いに答えなさい。

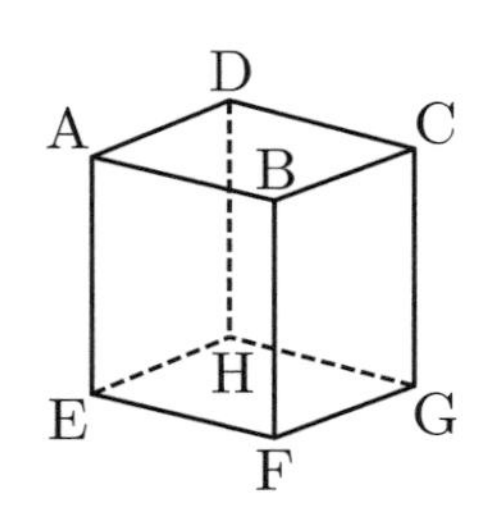

(1) 辺ABと平行な辺をすべて答えなさい。

(　　　　　　　　　　　　　　　　　　　　　)

(2) 辺AEと交わる辺をすべて答えなさい。

(　　　　　　　　　　　　　　　　　　　　　)

(3) 辺EFとねじれの位置にある辺をすべて答えなさい。

(　　　　　　　　　　　　　　　　　　　　　)

❷ 次の三角錐(すい)について，あとの問いに答えなさい。

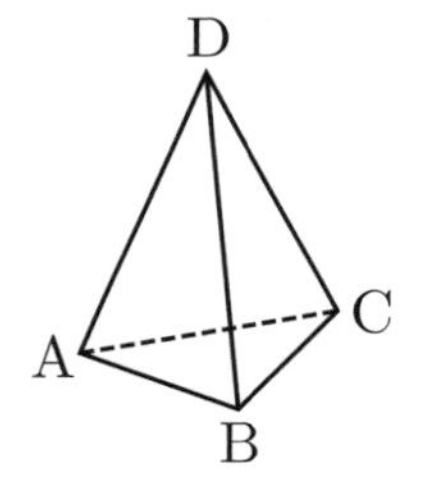

(1) 辺ABと平行な辺の数を答えなさい。

(　　　　　　　　)

(2) 辺ADと交わる辺をすべて答えなさい。

(　　　　　　　　　　　　　　　　　　　　　)

(3) 辺ACとねじれの位置にある辺をすべて答えなさい。

(　　　　　　　　　　　　　　　　　　　　　)

ヒント

❶ (1)辺ABと同じ平面上にあって交わらない辺を選ぶ。
(2)辺AEと同じ平面上にあって交わる辺を選ぶ。
(3)辺EFと同じ平面上にない辺を選ぶ。

❷ (1)辺ABと同じ平面上にあって交わらない辺の数を答える。
(2)辺ADと同じ平面上にあって交わる辺を選ぶ。
(3)辺ACと同じ平面上にない辺を選ぶ。

❸ 次の三角柱について，あとの問いに答えなさい。

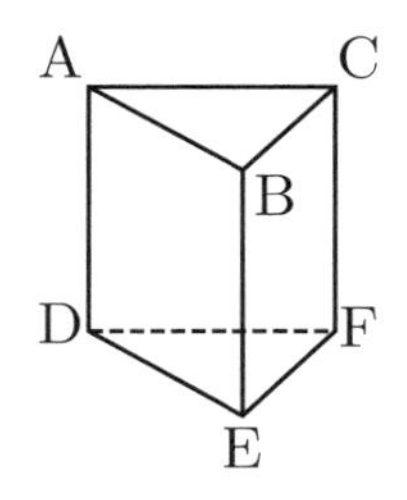

(1) 辺ADと平行な辺をすべて答えなさい。

(　　　　　　　　　　　　　　)

(2) 辺BCと交わる辺をすべて答えなさい。

(　　　　　　　　　　　　　　)

(3) 辺DEとねじれの位置にある辺をすべて答えなさい。

(　　　　　　　　　　　　　　)

(4) 辺BEとねじれの位置にある辺をすべて答えなさい。

(　　　　　　　　　　　　　　)

❹ 次の正四角錐について，あとの問いに答えなさい。

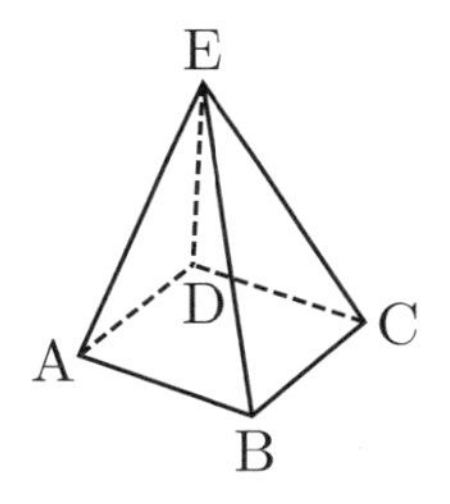

(1) 辺ABと平行な辺の数を答えなさい。

(　　　　　)

(2) 辺ADと交わる辺をすべて答えなさい。

(　　　　　　　　　　　　　　)

(3) 辺BEとねじれの位置にある辺をすべて答えなさい。

(　　　　　　　　　　　　　　)

(4) 辺BCとねじれの位置にある辺をすべて答えなさい。

(　　　　　　　　　　　　　　)

らくらく
マルつけ

Fa-25

26 直線と平面の位置関係

答えと解き方➡別冊p.18

❶ 次の直方体について，あとの問いに答えなさい。

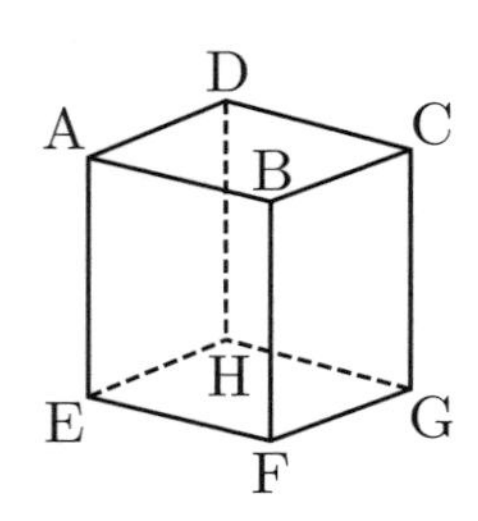

(1) 辺ABと平行な面をすべて答えなさい。

(　　　　　　　　　　　　　　　　　　)

(2) 面AEFBと平行な辺をすべて答えなさい。

(　　　　　　　　　　　　　　　　　　)

(3) 辺BFと交わる面をすべて答えなさい。

(　　　　　　　　　　　　　　　　　　)

❷ 次の三角錐(すい)について，あとの問いに答えなさい。

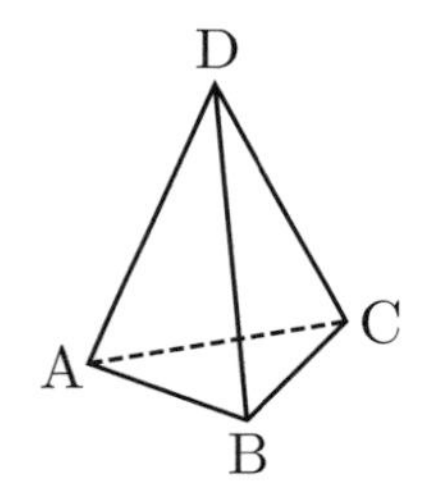

(1) 辺ABと平行な面の数を答えなさい。

(　　　　　　)

(2) 辺DBと交わる面をすべて答えなさい。

(　　　　　　　　　　　　　　　　　　)

(3) 面ABDと交わる辺をすべて答えなさい。

(　　　　　　　　　　　　　　　　　　)

ヒント

❶ (1)辺ABをふくまず，辺ABと交わらない面を選ぶ。
(2)面AEFBにふくまれず，面AEFBと交わらない辺を選ぶ。
(3)辺BFをふくまず，辺BFと交わる面を選ぶ。

❷ (1)辺ABをふくまず，辺ABと交わらない面の数を答える。
(2)辺DBをふくまず，辺DBと交わる面を選ぶ。
(3)面ABDにふくまれず，面ABDと交わる辺を選ぶ。

❸ 次の三角柱について，あとの問いに答えなさい。

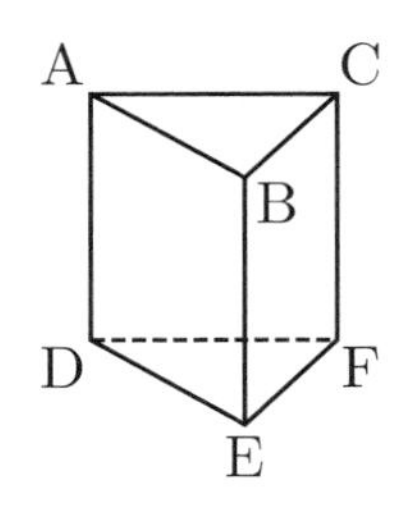

(1) 辺ADと平行な面を答えなさい。

(　　　　　　　)

(2) 面ABCと平行な辺をすべて答えなさい。

(　　　　　　　)

(3) 辺BEと交わる面をすべて答えなさい。

(　　　　　　　)

(4) 面ADEBと交わる辺をすべて答えなさい。

(　　　　　　　)

❹ 次の正四角錐について，あとの問いに答えなさい。

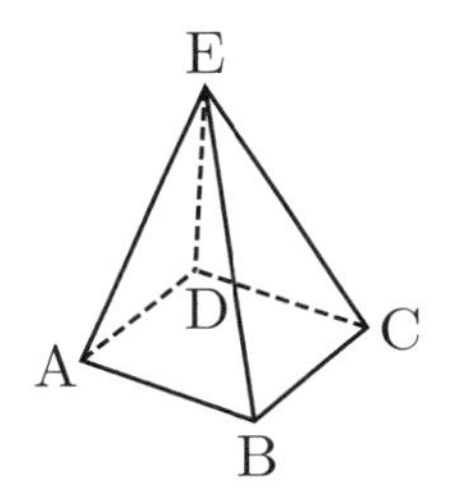

(1) 辺AEと平行な面の数を答えなさい。

(　　　　　　　)

(2) 面BCEと平行な辺を答えなさい。

(　　　　　　　)

(3) 辺BCと交わる面をすべて答えなさい。

(　　　　　　　)

(4) 面ABCDと交わる辺をすべて答えなさい。

(　　　　　　　)

らくらく
マルつけ

Fa-26

2平面の位置関係

答えと解き方➡別冊p.18

❶ 次の直方体について，あとの問いに答えなさい。

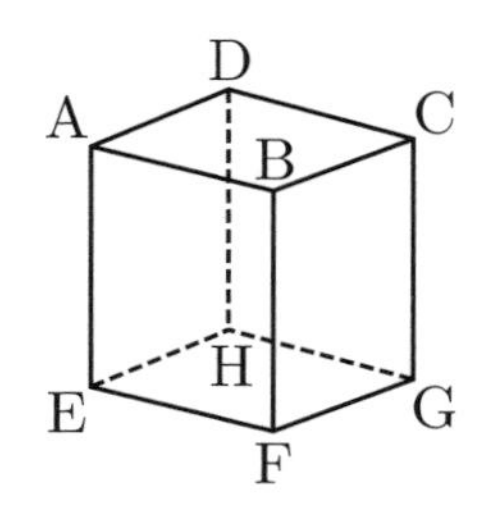

(1) 面ABCDと平行な面を答えなさい。

(　　　　　　　)

(2) 面AEFBと平行な面を答えなさい。

(　　　　　　　)

(3) 面ABCDに垂直な面をすべて答えなさい。

(　　　　　　　　　　　　　　　)

❷ 次の五角柱について，あとの問いに答えなさい。

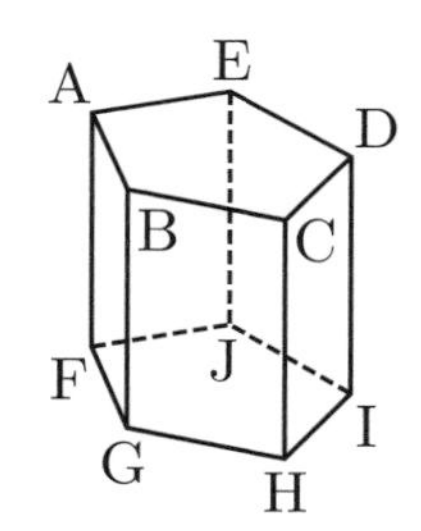

(1) 面FGHIJと垂直な面の数を答えなさい。

(　　　　　　　)

(2) 面ABCDEと平行な面を答えなさい。

(　　　　　　　)

(3) 面AFGBと垂直な面をすべて答えなさい。

(　　　　　　　　　　　　　　　)

ヒント

❶ (1)面ABCDと交わらない面を選ぶ。
(2)面AEFBと交わらない面を選ぶ。
(3)面ABCDとつくる角が90°の面を選ぶ。

❷ (1)面FGHIJとつくる角が90°の面の数を答える。
(2)面ABCDEと交わらない面を選ぶ。
(3)面AFGBとつくる角が90°の面を選ぶ。

❸ 次の三角柱について，あとの問いに答えなさい。

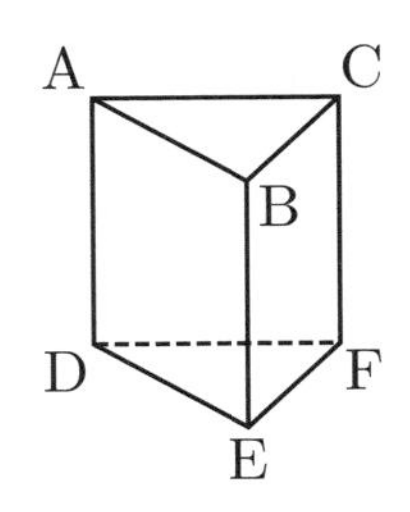

(1) 面BEFCと平行な面の数を答えなさい。

(　　　　　　　)

(2) 面ABCと平行な面をすべて答えなさい。

(　　　　　　　　　　　　　　)

(3) 面ADEBと垂直な面をすべて答えなさい。

(　　　　　　　　　　　　　　)

(4) 面ABCと垂直な面をすべて答えなさい。

(　　　　　　　　　　　　　　)

❹ 次の，底面が直角三角形である三角柱について，あとの問いに答えなさい。

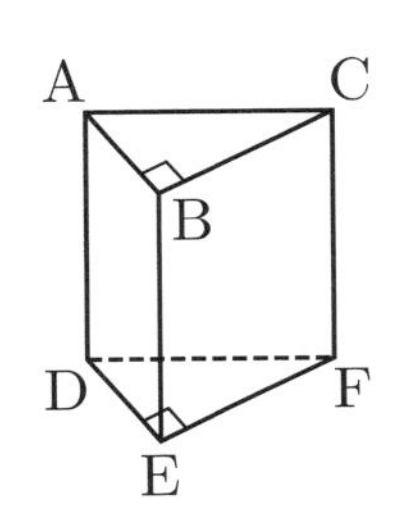

(1) 面ABCと垂直な面の数を答えなさい。

(　　　　　　　)

(2) 面DEFと平行な面をすべて答えなさい。

(　　　　　　　　　　　　　　)

(3) 面ADFCと垂直な面をすべて答えなさい。

(　　　　　　　　　　　　　　)

(4) 面ADEBと垂直な面をすべて答えなさい。

(　　　　　　　　　　　　　　)

らくらく
マルつけ

Fa-27

面の移動・回転でできる立体①

答えと解き方➡別冊p.19

❶ 次のように三角形をその面と垂直に動かしてできる立体について，あとの問いに答えなさい。

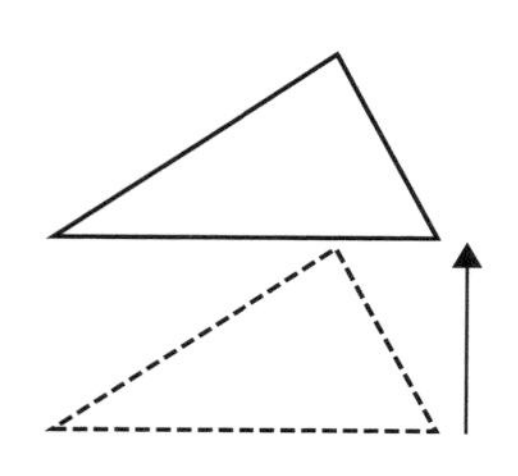

(1) どのような立体ができるか答えなさい。

（　　　　　　　）

(2) 動いた距離(きょり)は，できた立体の何になるか答えなさい。

（　　　　　　　）

(3) 三角形の周が動いたあとは，できた立体の何になるか答えなさい。

（　　　　　　　）

❷ 次の図について，あとの問いに答えなさい。

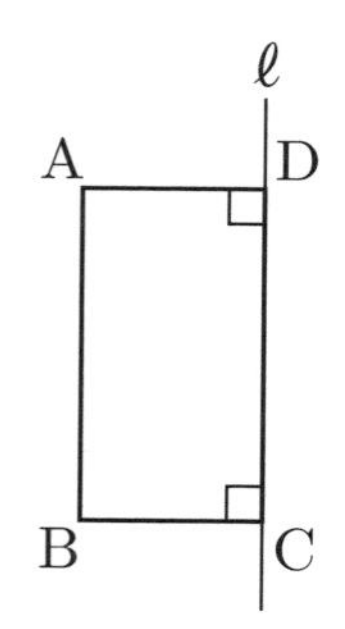

(1) 直線ℓを軸(じく)に，長方形ABCDを回転させると，どのような立体ができるか答えなさい。

（　　　　　　　）

(2) (1)の立体の母線(ぼせん)となる線分(せんぶん)を答えなさい。

（　　　　　　　）

(3) (1)の立体の底面の半径となる線分をすべて答えなさい。

（　　　　　　　）

ヒント

❶ 三角形を２つの底面とする立体ができる。

❷ (1)円を２つの底面とする立体ができる。
(2)回転させてできる立体の側面になる線分を答える。
(3)底面の円の半径となる線分を答える。

3 **次のように台形をその面と垂直に動かしてできる立体について，あとの問いに答えなさい。**

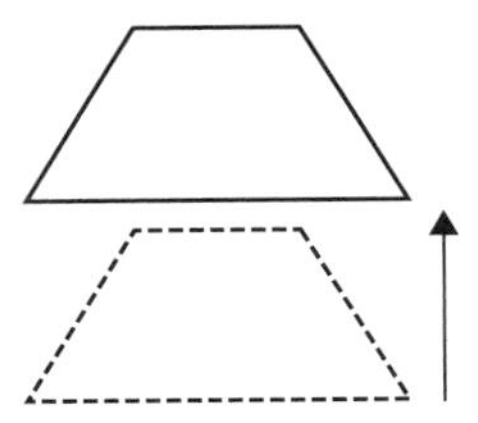

(1) どのような立体ができるか答えなさい。

(　　　　　　　　)

(2) 動いた距離は，できた立体の何になるか答えなさい。

(　　　　　　　　)

(3) 台形が動いてできた立体の面の数を答えなさい。

(　　　　　　　　)

4 **次の図について，あとの問いに答えなさい。**

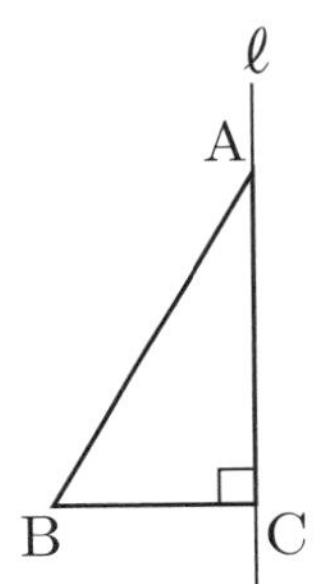

(1) 直線ℓを軸に，三角形ABCを回転させると，どのような立体ができるか答えなさい。

(　　　　　　　　)

(2) (1)の立体の母線となる線分を答えなさい。

(　　　　　　　　)

(3) (1)の立体の底面の半径となる線分を答えなさい。

(　　　　　　　　)

(4) (1)の立体の高さとなる線分を答えなさい。

(　　　　　　　　)

らくらく
マルつけ

Fa-28

面の移動・回転でできる立体❷

答えと解き方➡別冊p.19

❶ 次のように円をその面と垂直に動かしてできる立体について，あとの問いに答えなさい。

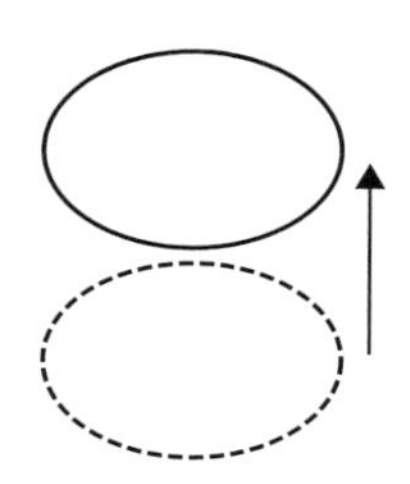

⑴ どのような立体ができるか答えなさい。

（　　　　　　　　）

⑵ 動いた距離（きょり）は，できた立体の何になるか答えなさい。

（　　　　　　　　）

⑶ 円の周が動いたあとは，できた立体の何になるか答えなさい。

（　　　　　　　　）

❷ 次の図について，あとの問いに答えなさい。

ア

イ

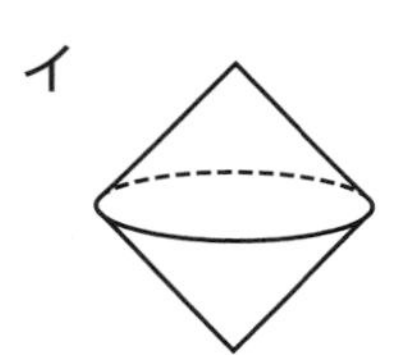

⑴ アの立体は，どのような平面図形を回転させてできるか答えなさい。

（　　　　　　　　）

⑵ イの立体は，どのような平面図形を回転させてできるか答えなさい。

（　　　　　　　　）

ヒント

❶ 円を2つの底面とする立体ができる。

❷ 回転の軸（じく）から，回転させる前の図形を考える。

3 次のように五角形をその面と垂直に動かしてできる立体について，あとの問いに答えなさい。

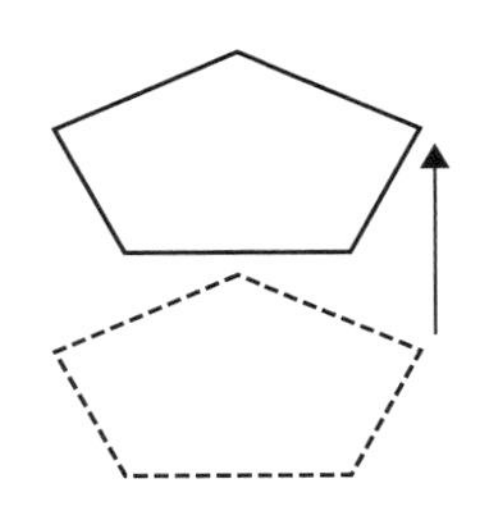

(1) どのような立体ができるか答えなさい。

(　　　　　　　　)

(2) 動いた距離は，できた立体の何になるか答えなさい。

(　　　　　　　　)

(3) 五角形が動いてできた立体の面の数を答えなさい。

(　　　　　　　　)

4 次の図について，あとの問いに答えなさい。

ア

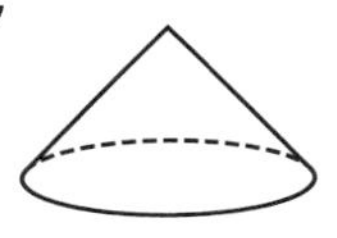

イ

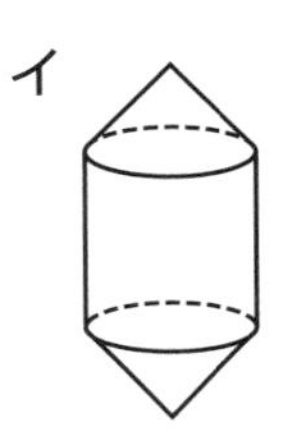

(1) アの立体は，どのような平面図形を回転させてできるか答えなさい。

(　　　　　　　　)

(2) イの立体は，どのような平面図形を回転させてできるか答えなさい。

(　　　　　　　　)

5 半円を，直径を軸として１回転させるとどのような立体になるか答えなさい。

(　　　　　　　　)

らくらく
マルつけ

Fa-29

回転体の見取図

答えと解き方➡別冊p.19

❶ 次の図形を，直線ℓを軸として回転させてできる立体の見取図を右の枠内にかきなさい。

(1)

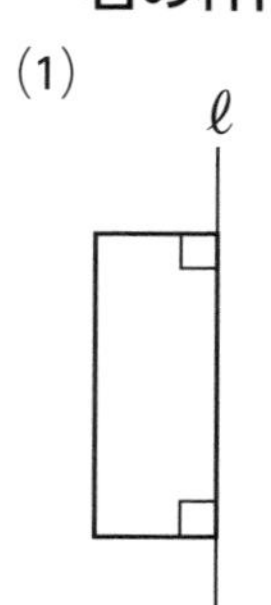

(2)

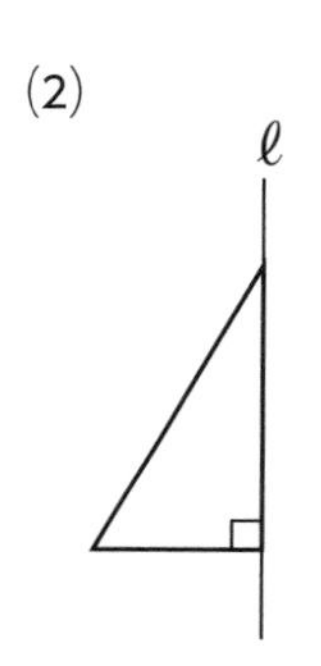

(3)

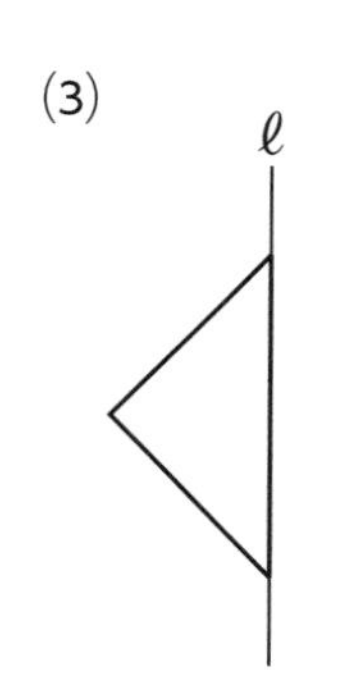

ヒント

❶ 直線ℓを軸に回転させた立体を考え，見えない線は破線でかく。

❷ 次の図形を，直線ℓを軸として回転させてできる立体の見取図を右の枠内にかきなさい。

(1)

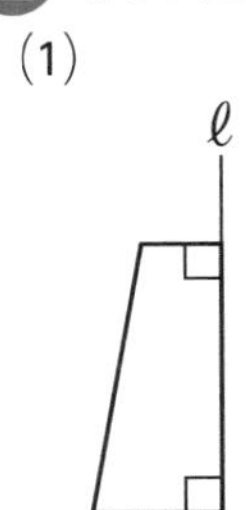

(2)

ℓ

(3)

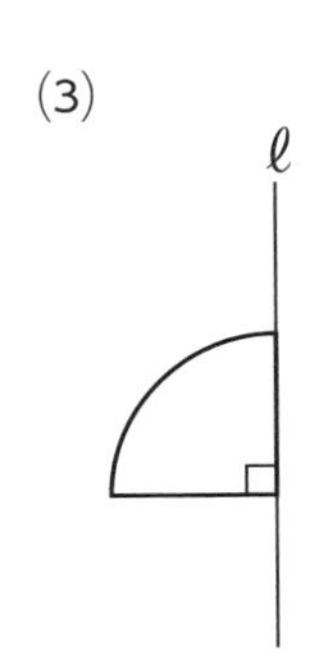

(4)

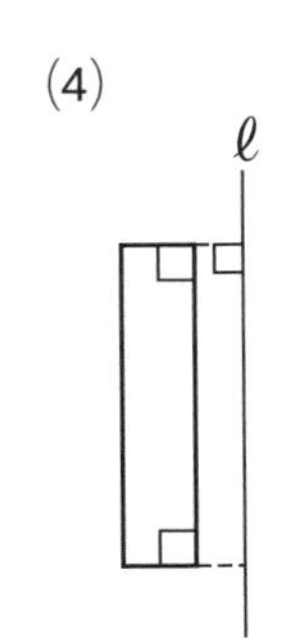

らくらく
＼マルつけ／

Fa-30

角柱・角錐の展開図

答えと解き方➡別冊p.20

❶ 次の直方体の展開図について，あとの問いに答えなさい。

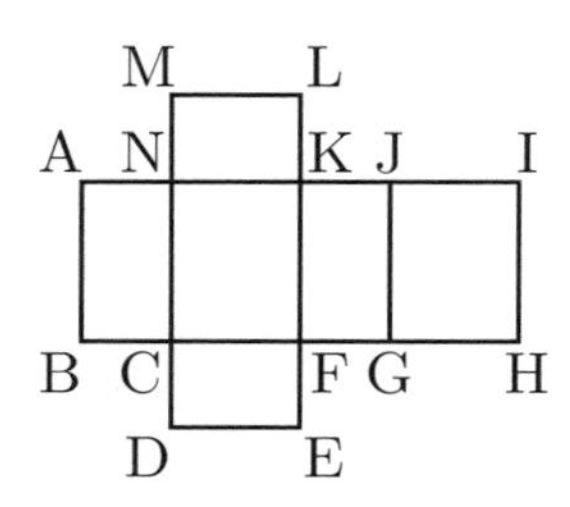

(1) 組み立てたとき，辺BCと重なる辺を答えなさい。

(　　　　　　　　　　　　)

(2) 組み立てたとき，点Aと重なる点をすべて答えなさい。

(　　　　　　　　　　　　)

❷ 次の四角錐(すい)の展開図について，あとの問いに答えなさい。

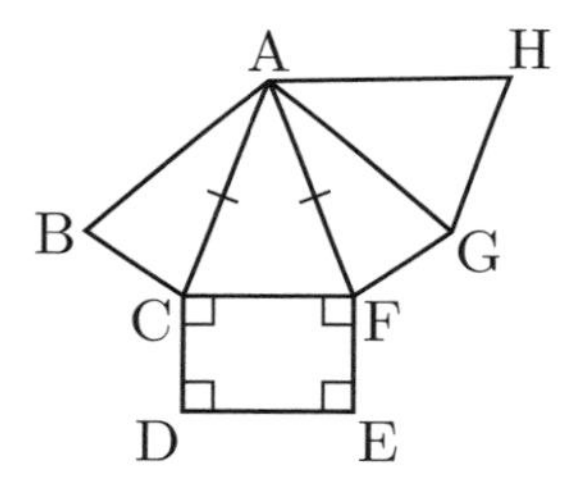

(1) 組み立てたとき，辺ABと重なる辺を答えなさい。

(　　　　　　　　　　　　)

(2) 組み立てたとき，点Bと重なる点をすべて答えなさい。

(　　　　　　　　　　　　)

(3) 辺FGと長さが等しい辺をすべて答えなさい。

(　　　　　　　　　　　　)

(4) 辺HGと長さが等しい辺をすべて答えなさい。

(　　　　　　　　　　　　)

ヒント

❶ (1)組み立てると同じ辺になる辺を答える。
(2)辺ANと重なる辺の頂点と，辺ABと重なる辺の頂点があることに注意する。

❷ (1)組み立てると同じ辺になる辺を答える。
(2)辺ABと重なる辺の頂点と，辺BCと重なる辺の頂点があることに注意する。
(3)辺FGと重なる辺や，それらと長さが等しい辺を答える。
(4)辺HGと重なる辺や，それらと長さが等しい辺を答える。

❸ 次の三角柱の展開図について，あとの問いに答えなさい。

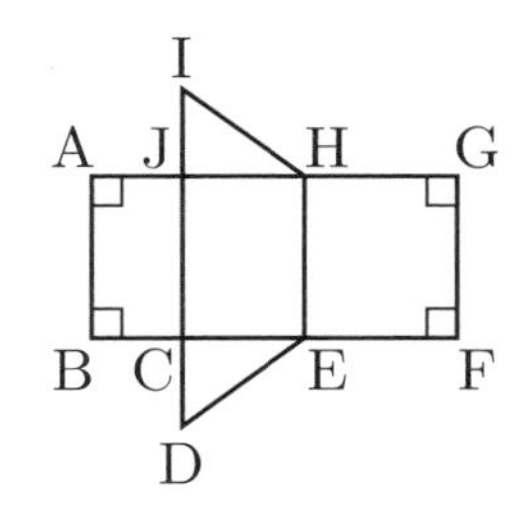

⑴ 組み立てたとき，辺DEと重なる辺を答えなさい。

(　　　　　　　　)

⑵ 組み立てたとき，点Fと重なる点をすべて答えなさい。

(　　　　　　　　)

⑶ 辺DEと長さが等しい辺をすべて答えなさい。

(　　　　　　　　)

⑷ ∠JIHと大きさが等しい角をすべて答えなさい。

(　　　　　　　　)

❹ 次の三角錐の展開図について，あとの問いに答えなさい。

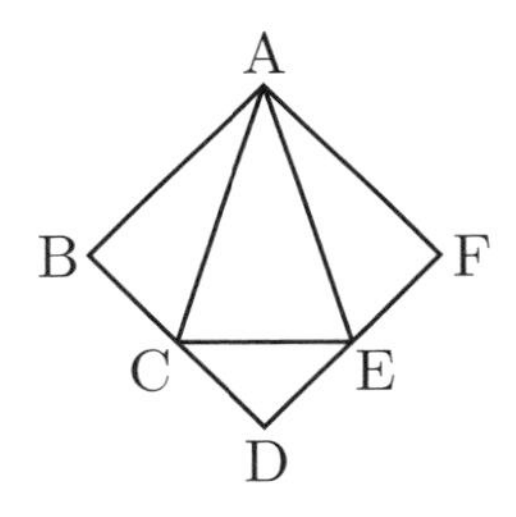

⑴ 組み立てたとき，辺BCと重なる辺を答えなさい。

(　　　　　　　　)

⑵ 組み立てたとき，点Bと重なる点をすべて答えなさい。

(　　　　　　　　)

⑶ 辺ABと長さが等しい辺をすべて答えなさい。

(　　　　　　　　)

⑷ △CDEが二等辺三角形のとき，辺BCと長さが等しい辺をすべて答えなさい。

(　　　　　　　　)

らくらく
マルつけ

Fa-31

円柱の展開図

答えと解き方➡別冊p.20

❶ 次の円柱の展開図について，あとの問いに答えなさい。

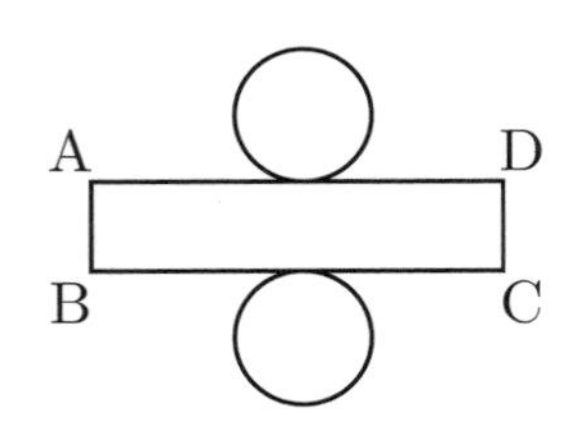

(1) 組み立てたとき，点Bと重なる点を答えなさい。

（　　　　　　　　）

(2) 円柱の高さとなる辺をすべて答えなさい。

（　　　　　　　　）

(3) 底面の円周と長さが等しい辺をすべて答えなさい。

（　　　　　　　　）

(4) 底面の円の半径が4cmのとき，ADの長さを求めなさい。

（　　　　　　　　）

(5) BCの長さが12πcmのとき，底面の円の半径を求めなさい。

（　　　　　　　　）

(6) AB=2cm，底面の円の半径が3cmのとき，長方形ABCDの面積を求めなさい。

（　　　　　　　　）

ヒント

❶ (1)組み立てると辺ABと辺DCが重なる。
(2)側面の縦の長さが円柱の高さとなる。
(3)組み立てると同じ辺になる辺を答える。
(4)(5)ADの長さと円周が等しいことを利用する。
(6)ADの長さは(4)と同じように求められる。

❷ 次の円柱の展開図について，あとの問いに答えなさい。

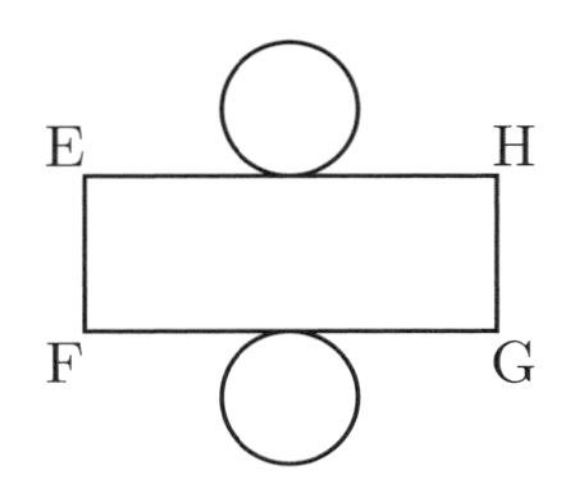

(1) 組み立てたとき，点Hと重なる点を答えなさい。

（　　　　　　　　　　）

(2) 円柱の高さとなる辺をすべて答えなさい。

（　　　　　　　　　　）

(3) 底面の円周と長さが等しい辺をすべて答えなさい。

（　　　　　　　　　　）

(4) 底面の円の半径が1cmのとき，FGの長さを求めなさい。

（　　　　　　　　　　）

(5) EHの長さが20πcmのとき，底面の円の半径を求めなさい。

（　　　　　　　　　　）

(6) EF＝5cm，底面の円の半径が2cmのとき，長方形EFGHの面積を求めなさい。

（　　　　　　　　　　）

(7) EF＝10cm，底面の円の半径が5cmのとき，長方形EFGHの面積を求めなさい。

（　　　　　　　　　　）

らくらく
マルつけ

Fa-32

円錐の展開図

答えと解き方➡別冊p.21

❶ 次の円錐(すい)の展開図について，あとの問いに答えなさい。

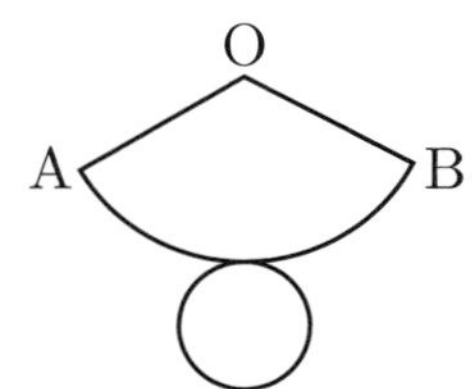

(1) 組み立てたとき，点Aと重なる点を答えなさい。

(　　　　　　　)

(2) 底面の円周が5πcmのとき，$\overset{\frown}{AB}$の長さを答えなさい。

(　　　　　　　)

(3) 底面の円の半径が3cmのとき，$\overset{\frown}{AB}$の長さを求めなさい。

(　　　　　　　)

(4) $\overset{\frown}{AB}$の長さが4πcmのとき，底面の円の半径を求めなさい。

(　　　　　　　)

(5) OA＝12cm，底面の円の半径が4cmのとき，おうぎ形の中心角を求めなさい。

(　　　　　　　)

(6) OA＝18cm，おうぎ形の中心角が100°のとき，底面の円の半径を求めなさい。

(　　　　　　　)

ヒント

❶ (1)組み立てると辺OAと辺OBが重なる。
(2)(3)(4)**$\overset{\frown}{AB}$の長さと底面の円周が等しいこと**を利用する。
(5)(6)はじめに$\overset{\frown}{AB}$の長さを求める。

❷ 次の円錐の展開図について，あとの問いに答えなさい。

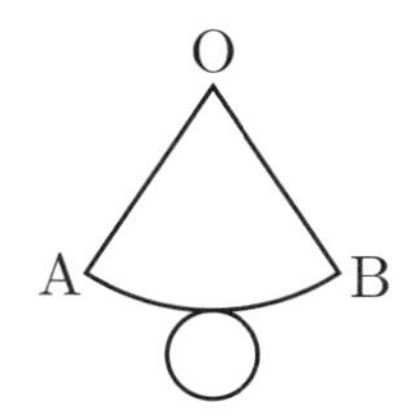

⑴　辺OAと長さが等しい辺を答えなさい。

(　　　　　　　　)

⑵　$\overset{\frown}{AB}$の長さが7πcmのとき，底面の円周を答えなさい。

(　　　　　　　　)

⑶　底面の円の半径が1cmのとき，$\overset{\frown}{AB}$の長さを求めなさい。

(　　　　　　　　)

⑷　$\overset{\frown}{AB}$の長さが12πcmのとき，底面の円の半径を求めなさい。

(　　　　　　　　)

⑸　OA＝18cm，おうぎ形の中心角が60°のとき，底面の円周を求めなさい。

(　　　　　　　　)

⑹　OA＝12cm，底面の円の半径が2cmのとき，おうぎ形の中心角を求めなさい。

(　　　　　　　　)

⑺　OA＝9cm，おうぎ形の中心角が80°のとき，底面の円の半径を求めなさい。

(　　　　　　　　)

らくらく
マルつけ

Fa-33

立体の展開図

答えと解き方➡別冊p.21

❶ 次の正八面体の展開図を組み立てます。あとの問いに答えなさい。

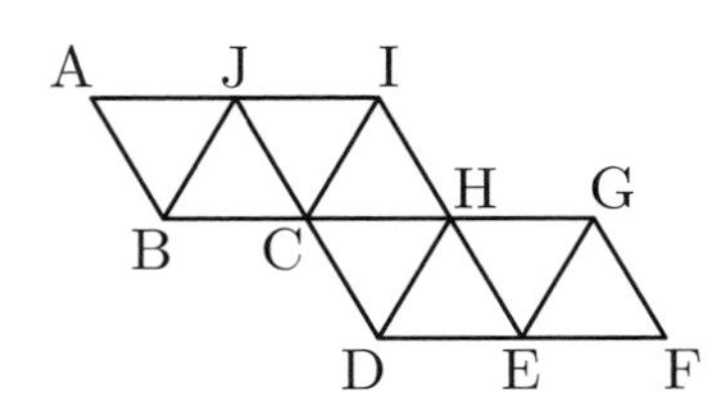

(1) 1つの頂点に集まる面の数を答えなさい。

(　　　　　　　　)

(2) 点Iと重なる点を答えなさい。

(　　　　　　　　)

(3) 点Aと重なる点を答えなさい。

(　　　　　　　　)

(4) 辺IJと重なる辺を答えなさい。

(　　　　　　　　)

(5) 辺AJと重なる辺を答えなさい。

(　　　　　　　　)

(6) 頂点Cに集まる三角形をすべて答えなさい。

(　　　　　　　　)

(7) 頂点Fに集まる三角形をすべて答えなさい。

(　　　　　　　　)

ヒント

❶ どの点や辺どうしが重なるかをひとつずつ確認していくとよい。

(7)点Fのまわりの三角形と，点Fと重なる点のまわりの三角形を答える。

❷ 次の正二十面体の展開図を組み立てます。あとの問いに答えなさい。

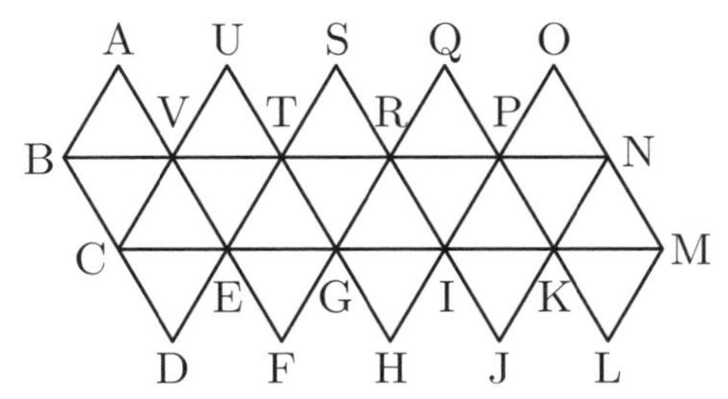

(1) 1つの頂点に集まる面の数を答えなさい。

(　　　　　)

(2) 点Bと重なる点を答えなさい。

(　　　　　)

(3) 点Dと重なる点をすべて答えなさい。

(　　　　　　　　　　)

(4) 辺GFと重なる辺を答えなさい。

(　　　　　)

(5) 辺MLと重なる辺を答えなさい。

(　　　　　)

(6) 辺BCと重なる辺を答えなさい。

(　　　　　)

(7) 頂点Tに集まる三角形をすべて答えなさい。

(　　　　　　　　　　)

(8) 頂点Nに集まる三角形をすべて答えなさい。

(　　　　　　　　　　)

らくらく
マルつけ

Fa-34

立体の表面での最短距離

答えと解き方➡別冊p.22

❶ 次の左の図のように，直方体の頂点AからBまで，側面を1周させてひもを最短の長さになるようにかけます。右の図は，左の直方体の展開図で，2点A，Bの位置が対応しています。あとの問いに答えなさい。

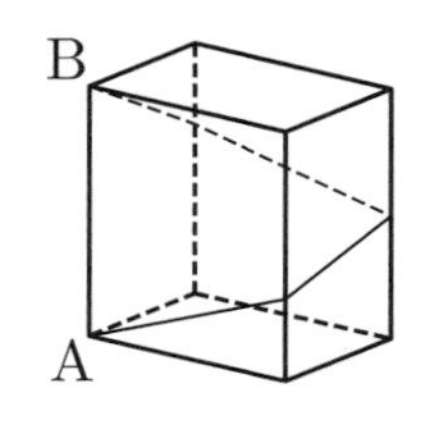

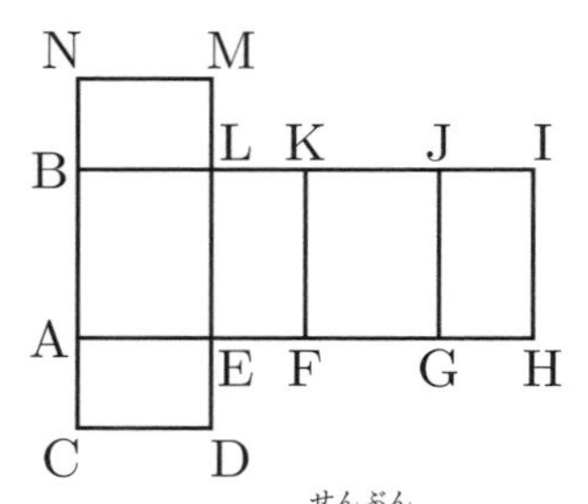

(1) ひもの位置を展開図に表すと，どの線分（せんぶん）と重なるか答えなさい。

(　　　　　　　　　　)

(2) ひもの長さは，展開図のどの長方形の対角線の長さと同じか答えなさい。

(　　　　　　　　　　)

(3) 直方体の底面の周の長さが長くなると，ひもの長さは長くなるか短くなるか答えなさい。

(　　　　　　　　　　)

(4) 直方体の高さが小さくなると，ひもの長さは長くなるか短くなるか答えなさい。

(　　　　　　　　　　)

(5) 底面の長方形が縦2cm，横3cmで高さが4cmの直方体Pと，底面の長方形が縦4cm，横2cmで高さが4cmの直方体Qに，図と同じようにひもをかけるとき，ひもの長さが長いのはどちらの直方体か答えなさい。

(　　　　　　　　　　)

ヒント

❶ (1)展開図を組み立てると点Bと点Iが重なる。
(2) (1)の線分を対角線とする長方形を答える。
(3)側面の長方形の横の長さが長くなる。
(4)側面の長方形の縦の長さが短くなる。
(5)高さが同じなので，**底面の周の長さ**で比べる。

❷ 次の図のように，正三角柱は頂点ＡからＢまで，円柱は点Ｃから点Ｄまで，側面を１周させてひもを最短の長さになるようにかけます。あとの問いに答えなさい。

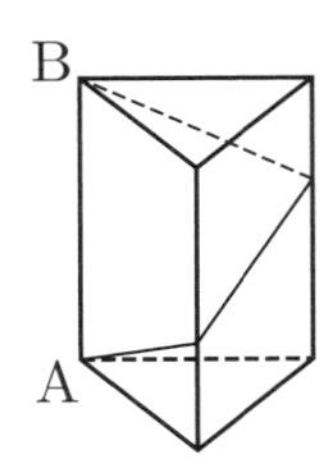

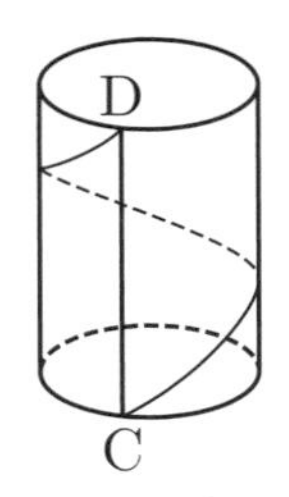

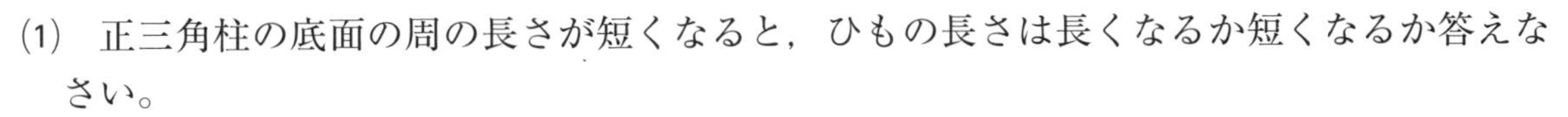

(1)　正三角柱の底面の周の長さが短くなると，ひもの長さは長くなるか短くなるか答えなさい。

（　　　　　　　　　　）

(2)　円柱の底面の円の半径が大きくなると，ひもの長さは長くなるか短くなるか答えなさい。

（　　　　　　　　　　）

(3)　正三角柱の高さが大きくなると，ひもの長さは長くなるか短くなるか答えなさい。

（　　　　　　　　　　）

(4)　底面の正三角形の１辺の長さが6cmで高さが5cmの正三角柱Ｐと，底面の正三角形の１辺の長さが4cmで高さが5cmの正三角柱Ｑに，図と同じようにひもをかけるとき，ひもの長さが長いのはどちらの正三角柱か答えなさい。

（　　　　　　　　　　）

(5)　底面の正三角形の１辺の長さが10cmで高さが5cmの正三角柱と，底面の円の半径が5cmで高さが5cmの円柱に，図と同じようにひもをかけるとき，ひもの長さが長いのはどちらの立体か答えなさい。

（　　　　　　　　　　）

らくらく
マルつけ
Fa-35

投影図

Fi-36

答えと解き方➡別冊p.22

❶ 次の投影図は，直方体，四角錐，円柱，円錐，三角柱，三角錐，球のうち，いずれかを表しています。あとの問いに答えなさい。

ア
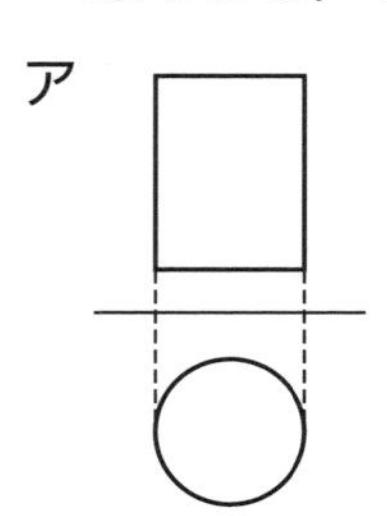

イ
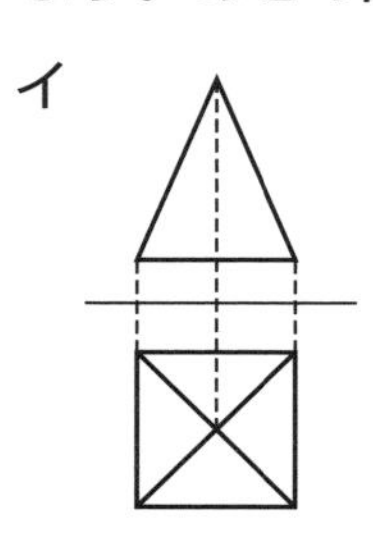

ウ
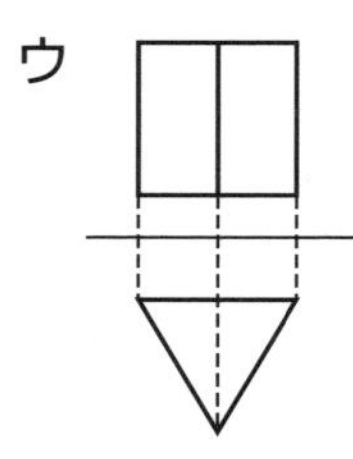

エ
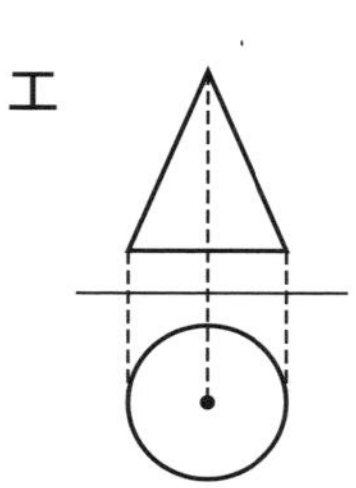

(1)　**ア**の投影図が表している立体を答えなさい。

（　　　　　　　　）

(2)　**イ**の投影図が表している立体を答えなさい。

（　　　　　　　　）

(3)　**ウ**の投影図が表している立体の見取図をかきなさい。

(4)　**エ**の投影図が表している立体の見取図をかきなさい。

ヒント

❶ (1)立面図が四角形で，平面図が円である立体を選ぶ。
(2)立面図が三角形で，平面図が四角形である立体を選ぶ。
(3)立面図が四角形で，平面図が三角形である立体の見取図をかく。
(4)立面図が三角形で，平面図が円である立体の見取図をかく。

2 次の投影図は，直方体，四角錐，円柱，円錐，三角柱，三角錐，球のうち，いずれかを表しています。あとの問いに答えなさい。

ア

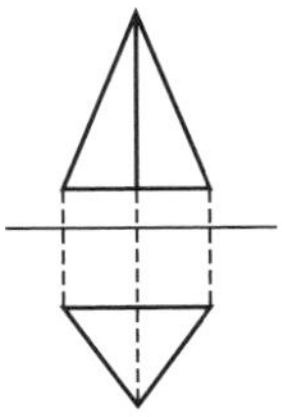

イ

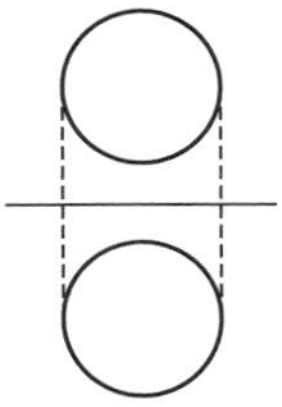

ウ

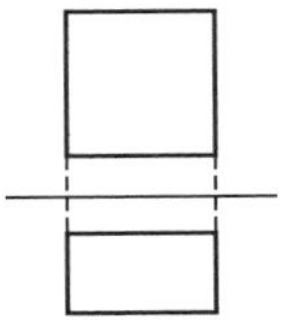

エ

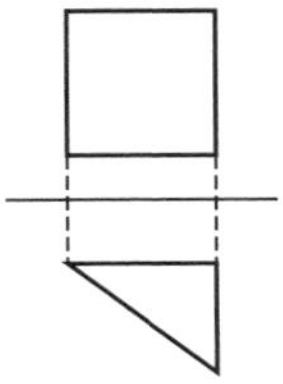

(1) アの投影図が表している立体を答えなさい。

(　　　　　　　)

(2) イの投影図が表している立体を答えなさい。

(　　　　　　　)

(3) ウの投影図が表している立体の見取図をかきなさい。

(4) エの投影図が表している立体の見取図をかきなさい。

らくらく
マルつけ

Fa-36

いろいろな投影図

Fi-37

答えと解き方➡別冊p.23

❶ 次の投影図について，あとの問いに答えなさい。

ア

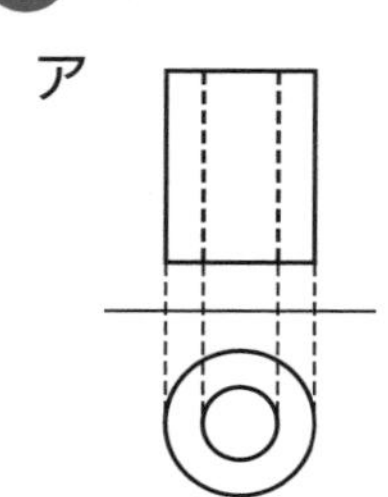

イ

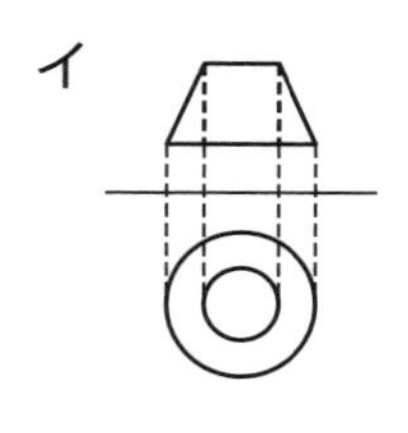

(1) アの投影図が表している立体の見取図をかきなさい。

(2) イの投影図が表している立体の見取図をかきなさい。

❷ 次の図は，直方体，四角錐，球のうち，いずれかの立体に正面から光を当てたとき，光と反対側にあるスクリーン上にできるかげを表しています。どの立体か答えなさい。

(　　　　　　　　)

ヒント

❶ (1)投影図より，円柱に円形の穴があいた立体であることがわかる。

(2)投影図より，円錐の上部を切りとった立体に円形の穴があいた立体であることがわかる。

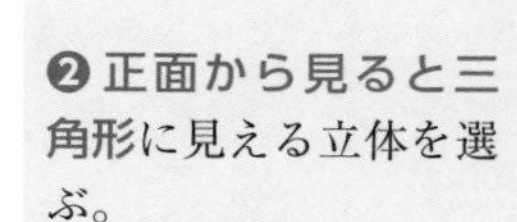

❷ 正面から見ると三角形に見える立体を選ぶ。

❸ 次の投影図について，あとの問いに答えなさい。

ア
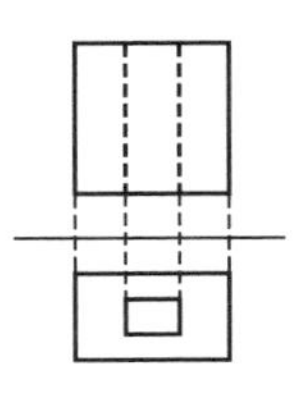

イ
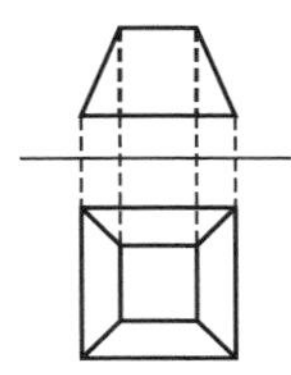

(1) アの投影図が表している立体の見取図をかきなさい。

(2) イの投影図が表している立体の見取図をかきなさい。

❹ 次の図は，三角柱，三角錐，球のうち，いずれかの立体に正面から光を当てたとき，光と反対側にあるスクリーン上にできるかげを表しています。どの立体か答えなさい。

(1)

(　　　　　　　)

(2)

(　　　　　　　)

らくらく
マルつけ

Fa-37

立方体の切り口と展開図

答えと解き方➡別冊p.23

❶ 次の立方体を図中に示した3点を通る平面で切断したとき，切断した面は何角形になるか答えなさい。

(1)

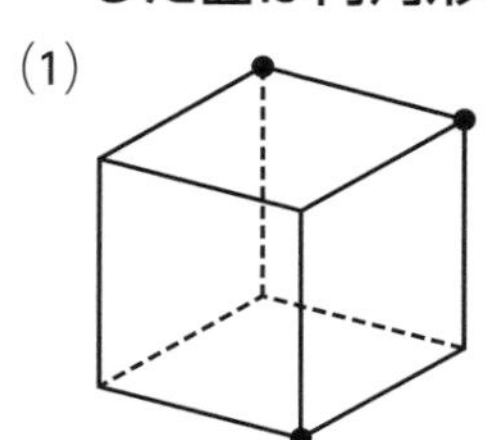

（　　　　　　　　　）

(2)

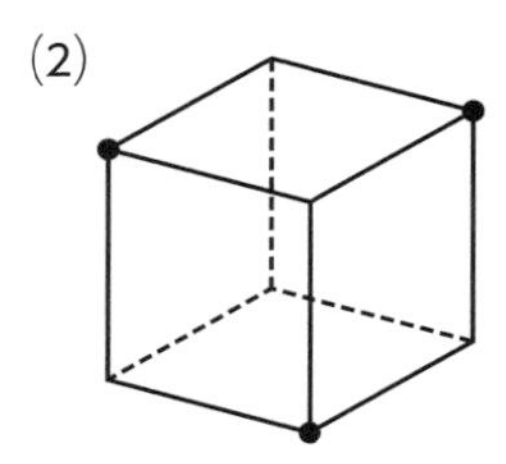

（　　　　　　　　　）

(3)

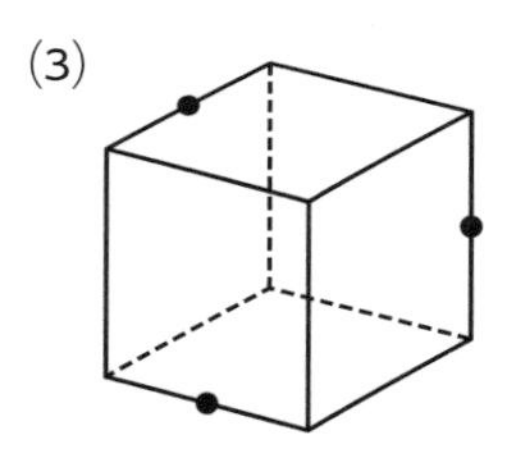

（　　　　　　　　　）

❷ 次の展開図を組み立てた立方体について，あとの問いに答えなさい。

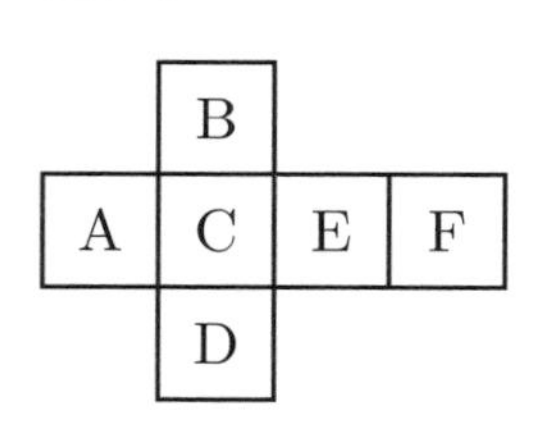

(1)　面Fと平行な面を答えなさい。

（　　　　　　　　　）

(2)　面Eと垂直な面をすべて答えなさい。

（　　　　　　　　　　　　　　　　）

ヒント

❶ まず，立方体の同じ面上にある2点に注目する。切断した面がその2点を結ぶ線分(せんぶん)を通ることから，形を考える。

(3)立方体の同じ面上にある2点はないので，切断した面が立方体の各辺のどの位置を通れば3点を通るかを考える。

❷ (2)面Eと平行でない4個の面は，面Eと垂直になる。

❸ 次の立方体を図中に示した3点を通る平面で切断したとき，切断した面は何角形になるか答えなさい。

(1)

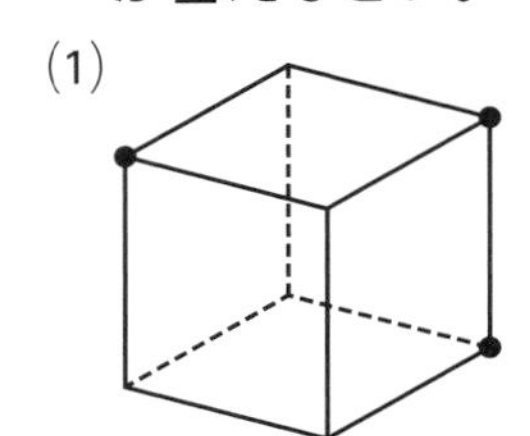

(　　　　　　　　)

(2)

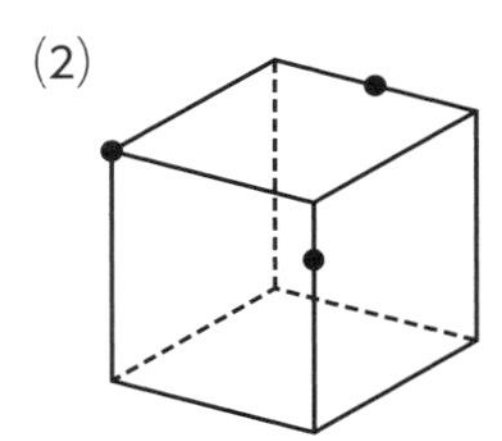

(　　　　　　　　)

(3)

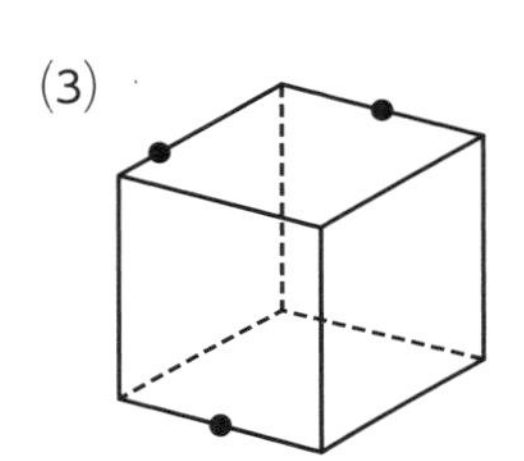

(　　　　　　　　)

❹ 次の展開図を組み立てた立方体について，あとの問いに答えなさい。

ア

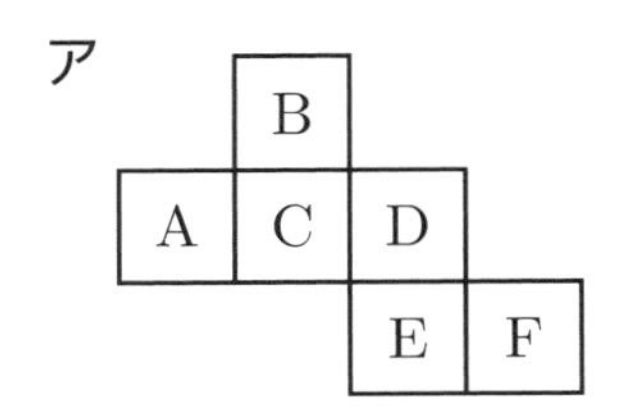

イ

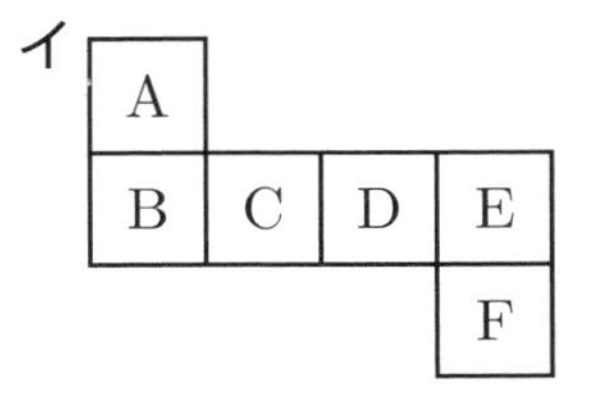

(1) アで面Eと平行な面を答えなさい。

(　　　　　　　　)

(2) アで面Aと垂直な面をすべて答えなさい。

(　　　　　　　　　　　　　　　　)

(3) イで面Cと平行な面を答えなさい。

(　　　　　　　　)

(4) イで面Dと垂直な面をすべて答えなさい。

(　　　　　　　　　　　　　　　　)

らくらく
マルつけ

Fa-38

角柱・円柱の体積

答えと解き方➡別冊p.24

❶ 次の立体の体積を求めなさい。

(1) 底面の長方形が縦2cm，横3cmで，高さ4cmの直方体

(　　　　　　　　)

(2) 底面の三角形が底辺4cm，高さ3cmで，立体の高さが5cmの三角柱

(　　　　　　　　)

(3) 底面の円が半径3cmで，高さ6cmの円柱

(　　　　　　　　)

(4) 1辺の長さが2cmの立方体

(　　　　　　　　)

(5) 底面の円が半径4cmで，高さ5cmの円柱

(　　　　　　　　)

❷ 次の角柱の体積を求めなさい。

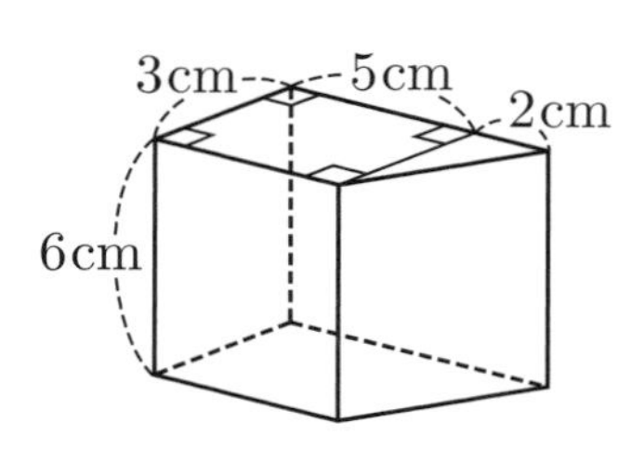

(　　　　　　　　)

ヒント

❶ (1) $2\times3\times4$

(2) $\frac{1}{2}\times4\times3\times5$

(3) $\pi\times3^2\times6$

(4) $2\times2\times2$

(5) $\pi\times4^2\times5$

❷ 底面である台形の面積を求め，高さをかければよい。

❸ 次の立体の体積を求めなさい。

(1) 底面の長方形が縦4cm，横2cmで，高さ7cmの直方体

( )

(2) 底面の三角形が底辺6cm，高さ4cmで，立体の高さが3cmの三角柱

( )

(3) 底面の円が半径5cmで，高さ8cmの円柱

( )

(4) 1辺の長さが6cmの立方体

( )

(5) 底面の円が半径7cmで，高さ2cmの円柱

( )

(6) 底面の正方形の1辺の長さが4cmで，高さ3cmの直方体

( )

❹ 次の角柱の体積を求めなさい。

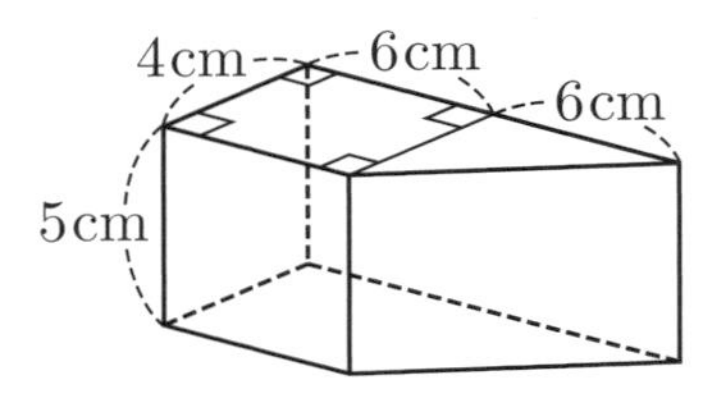

( )

角錐・円錐の体積

答えと解き方➡別冊p.24

❶ 次の立体の体積を求めなさい。

(1) 底面の長方形が縦3cm，横2cm で，高さ4cm の四角錐（すい）

（　　　　　　）

(2) 底面の三角形が底辺5cm，高さ4cm で，立体の高さが6cm の三角錐

（　　　　　　）

(3) 底面の円が半径4cm で，高さ6cm の円錐

（　　　　　　）

(4) 底面の長方形が縦5cm，横6cm で，高さ7cm の四角錐

（　　　　　　）

(5) 底面の円が半径6cm で，高さ5cm の円錐

（　　　　　　）

❷ 次の立体の体積を求めなさい。

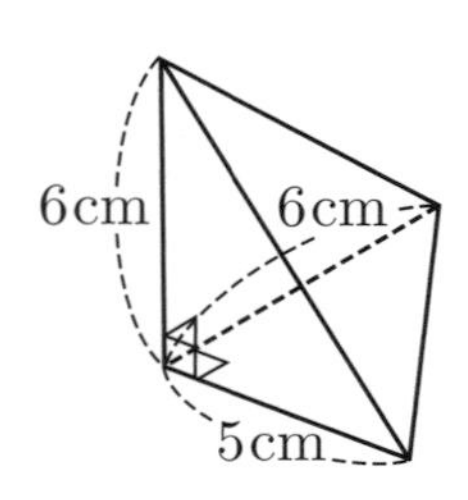

（　　　　　　）

ヒント

❶ (1) $\frac{1}{3}\times 3\times 2\times 4$

(2) $\frac{1}{3}\times\frac{1}{2}\times 5\times 4\times 6$

(3) $\frac{1}{3}\times\pi\times 4^2\times 6$

(4) $\frac{1}{3}\times 5\times 6\times 7$

(5) $\frac{1}{3}\times\pi\times 6^2\times 5$

❷ $\frac{1}{3}\times\frac{1}{2}\times 5\times 6\times 6$

❸ 次の立体の体積を求めなさい。

(1) 底面の長方形が縦2cm，横9cm で，高さ7cm の四角錐

( )

(2) 底面の三角形が底辺8cm，高さ3cm で，立体の高さが4cm の三角錐

( )

(3) 底面の円が半径5cm で，高さ9cm の円錐

( )

(4) 底面の長方形が縦6cm，横8cm で，高さ4cm の四角錐

( )

(5) 底面の円が半径2cm で，高さ12cm の円錐

( )

(6) 底面の正方形の1辺の長さが7cm で，高さ9cm の正四角錐

( )

❹ 次の立体の体積を求めなさい。

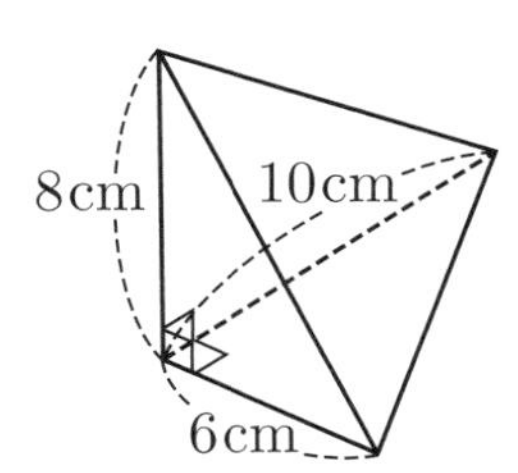

( )

らくらくマルつけ

Fa-40

角柱・円柱の表面積

答えと解き方➡別冊p.24

❶ 次の角柱の表面積を求めなさい。

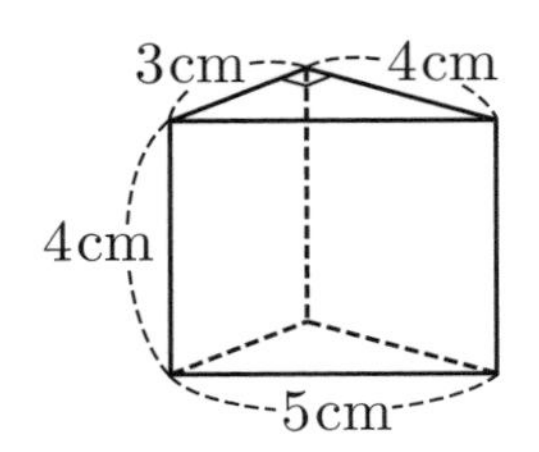

(　　　　　　　　　　)

❷ 次の立体の表面積を求めなさい。

(1)　底面の長方形が縦4cm，横2cmで，高さ3cmの四角柱

(　　　　　　　　　　)

(2)　底面の長方形が縦5cm，横3cmで，高さ6cmの四角柱

(　　　　　　　　　　)

(3)　底面の正方形の1辺の長さが2cmで，高さ7cmの正四角柱

(　　　　　　　　　　)

(4)　底面の円が半径3cmで，高さ6cmの円柱

(　　　　　　　　　　)

(5)　底面の円が半径5cmで，高さ4cmの円柱

(　　　　　　　　　　)

ヒント

❶ 底面積は，
$\frac{1}{2}\times3\times4$
側面積は，
$(3+4+5)\times4$
底面は2つあることに注意する。

❷ (1)底面積は，4×2
側面積は，
$(4+2)\times2\times3$
(2)底面積は，5×3
側面積は，
$(5+3)\times2\times6$
(3)底面積は，2×2
側面積は，$2\times4\times7$
(4)底面積は，$\pi\times3^2$
側面積は，$2\pi\times3\times6$
(5)底面積は，$\pi\times5^2$
側面積は，$2\pi\times5\times4$

❸ 次の角柱の表面積を求めなさい。

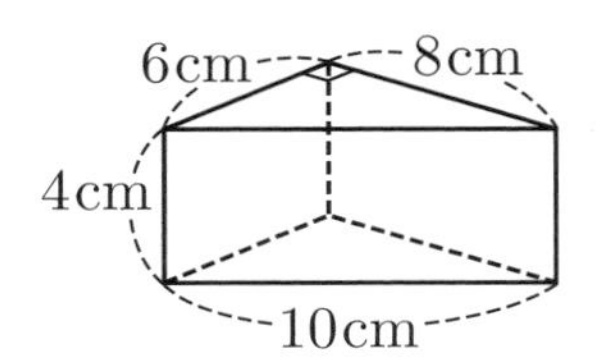

（　　　　　　　　　）

❹ 次の立体の表面積を求めなさい。

(1) 底面の長方形が縦6cm，横4cmで，高さ5cmの四角柱

（　　　　　　　　　）

(2) 底面の長方形が縦7cm，横2cmで，高さ4cmの四角柱

（　　　　　　　　　）

(3) 底面の正方形の1辺の長さが4cmで，高さ3cmの正四角柱

（　　　　　　　　　）

(4) 底面の円が半径4cmで，高さ2cmの円柱

（　　　　　　　　　）

(5) 底面の円が半径6cmで，高さ3cmの円柱

（　　　　　　　　　）

(6) 底面の円が半径10cmで，高さ8cmの円柱

（　　　　　　　　　）

らくらく
マルつけ

Fa-41

角錐の表面積❶

答えと解き方➡別冊p.25

❶ 次の展開図を組み立てた正四角錐(すい)の表面積を求めなさい。

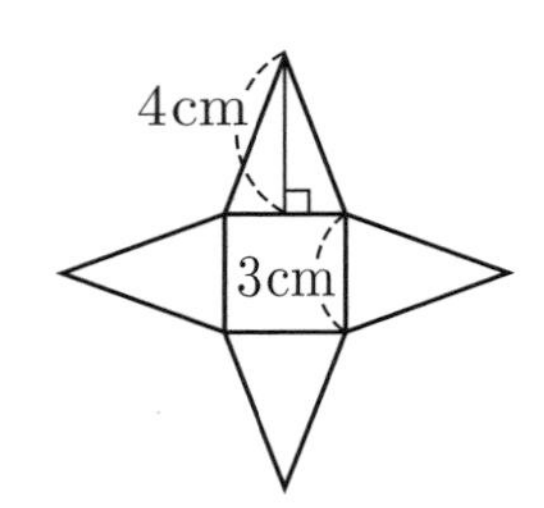

(　　　　　　　　)

❷ 次の正四角錐の表面積を求めなさい。

(1) 底面の正方形の1辺の長さが5cmで，側面の三角形の高さが4cm

(　　　　　　　　)

(2) 底面の正方形の1辺の長さが4cmで，側面の三角形の高さが6cm

(　　　　　　　　)

(3) 底面の正方形の1辺の長さが2cmで，側面の三角形の高さが7cm

(　　　　　　　　)

(4) 底面の正方形の1辺の長さが3cmで，側面の三角形の高さが5cm

(　　　　　　　　)

(5) 底面の正方形の1辺の長さが5cmで，側面の三角形の高さが7cm

(　　　　　　　　)

ヒント

❶ 底面積は，3×3
側面積は，
$\frac{1}{2}\times3\times4\times4$

❷ (1)底面積は，5×5
側面積は，
$\frac{1}{2}\times5\times4\times4$

(2)底面積は，4×4
側面積は，
$\frac{1}{2}\times4\times6\times4$

(3)底面積は，2×2
側面積は，
$\frac{1}{2}\times2\times7\times4$

(4)底面積は，3×3
側面積は，
$\frac{1}{2}\times3\times5\times4$

(5)底面積は，5×5
側面積は，
$\frac{1}{2}\times5\times7\times4$

❸ 次の展開図を組み立てた正三角錐の側面積を求めなさい。

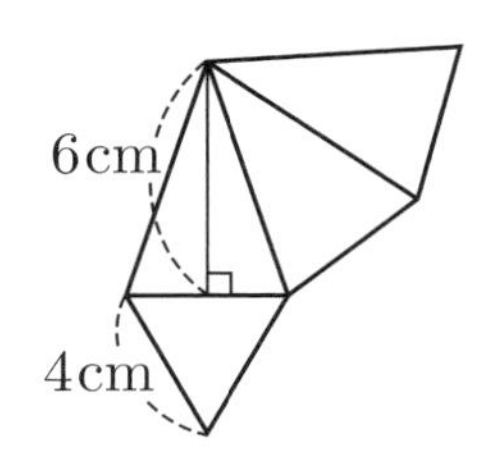

（　　　　　　　　　　）

❹ 次の正三角錐の側面積を求めなさい。

(1) 底面の正三角形の1辺の長さが3cm で，側面の三角形の高さが4cm

（　　　　　　　　　　）

(2) 底面の正三角形の1辺の長さが2cm で，側面の三角形の高さが5cm

（　　　　　　　　　　）

(3) 底面の正三角形の1辺の長さが4cm で，側面の三角形の高さが8cm

（　　　　　　　　　　）

(4) 底面の正三角形の1辺の長さが5cm で，側面の三角形の高さが6cm

（　　　　　　　　　　）

(5) 底面の正三角形の1辺の長さが6cm で，側面の三角形の高さが7cm

（　　　　　　　　　　）

(6) 底面の正三角形の1辺の長さが8cm で，側面の三角形の高さが9cm

（　　　　　　　　　　）

らくらく
マルつけ

Fa-42

角錐の表面積②

Fi-43

答えと解き方➡別冊p.25

❶ 次の正四角錐(すい)の表面積を求めなさい。

(1)

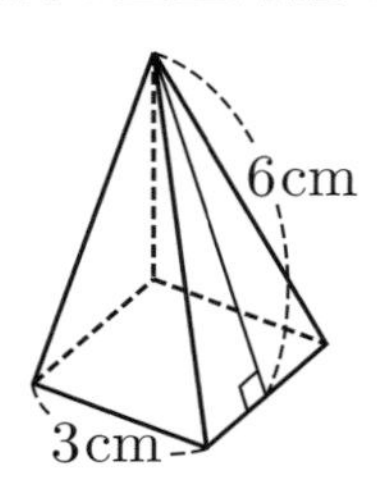

(　　　　　　　　)

(2)

8cm
5cm

(　　　　　　　　)

(3)

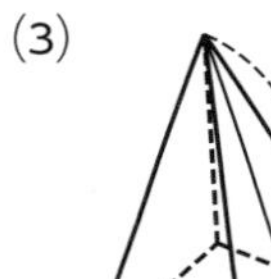

(　　　　　　　　)

(4)

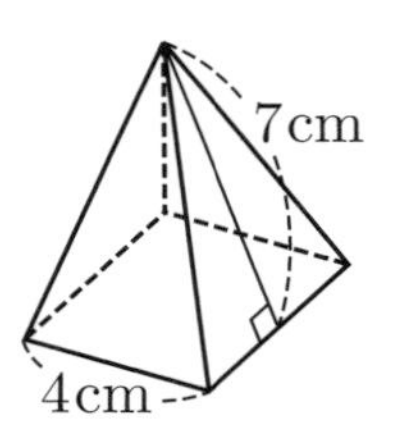

(　　　　　　　　)

(5)

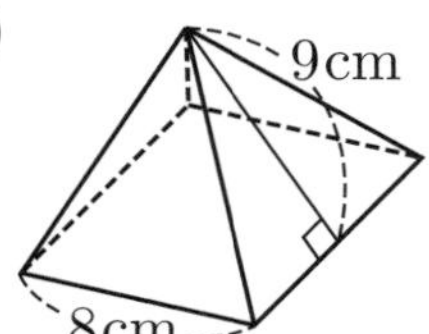

(　　　　　　　　)

ヒント

❶ (1)底面積は，3×3
側面積は，
$\frac{1}{2}\times3\times6\times4$

(2)底面積は，5×5
側面積は，
$\frac{1}{2}\times5\times8\times4$

(3)底面積は，2×2
側面積は，
$\frac{1}{2}\times2\times5\times4$

(4)底面積は，4×4
側面積は，
$\frac{1}{2}\times4\times7\times4$

(5)底面積は，8×8
側面積は，
$\frac{1}{2}\times8\times9\times4$

❷ 次の正三角錐の側面積を求めなさい。

(1)

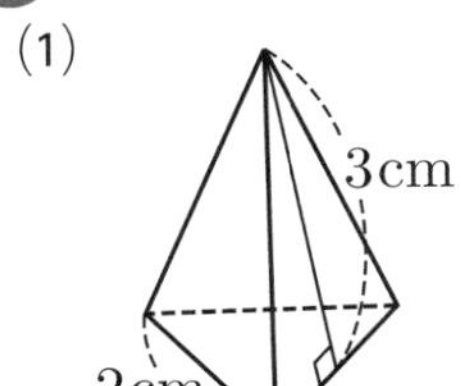

(　　　　　　　　)

(2)

5cm
4cm

(　　　　　　　　)

(3)

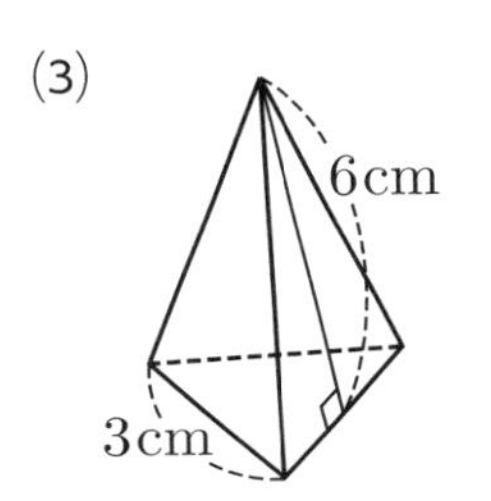

(　　　　　　　　)

(4)

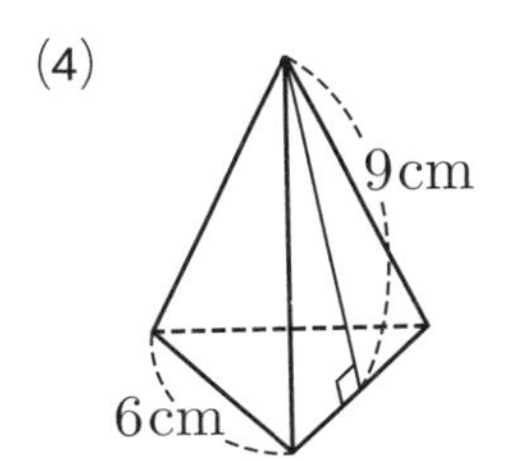

(　　　　　　　　)

(5)

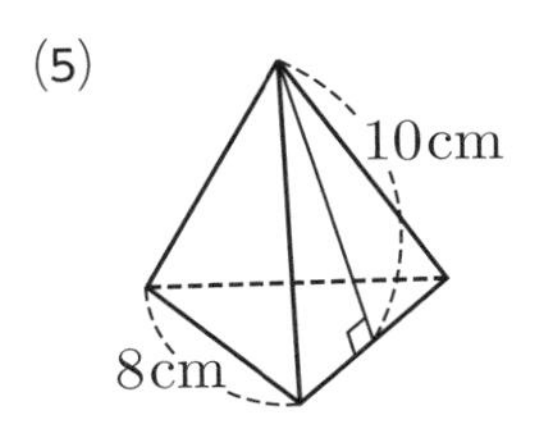

(　　　　　　　　)

(6)

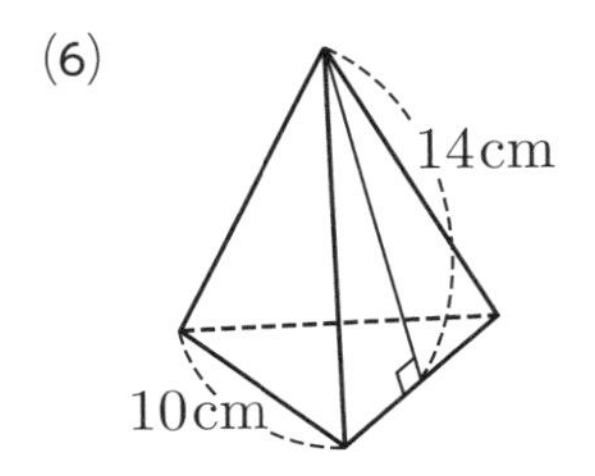

(　　　　　　　　)

らくらく
マルつけ
Fa-43

円錐の表面積①

答えと解き方➡別冊p.25

❶ 次の円錐(すい)の展開図について，あとの問いに答えなさい。

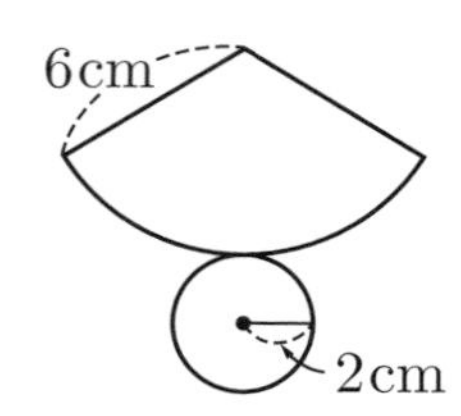

⑴ おうぎ形の中心角を求めなさい。

(　　　　　　　　　　)

⑵ 円錐の表面積を求めなさい。

(　　　　　　　　　　)

❷ 次の円錐の表面積を求めなさい。

⑴ 母線(ぼせん)が5cm で，底面の半径が2cm

(　　　　　　　　　　)

⑵ 母線が8cm で，底面の半径が4cm

(　　　　　　　　　　)

⑶ 展開図のおうぎ形の半径が4cm で，弧(こ)の長さが2πcm

(　　　　　　　　　　)

ヒント

❶⑴ $360° \times \dfrac{2\pi \times 2}{2\pi \times 6}$

⑵側面積は，

$\pi \times 6^2 \times \dfrac{中心角}{360}$

底面積は，$\pi \times 2^2$

❷⑴側面積は，❶のように**中心角から求める以外にも，**

$\pi \times 5^2 \times \dfrac{2}{5}$

のように，**母線と半径の比**からも求められる。

⑶底面の半径を先に求める。

❸ 次の円錐の展開図について，あとの問いに答えなさい。

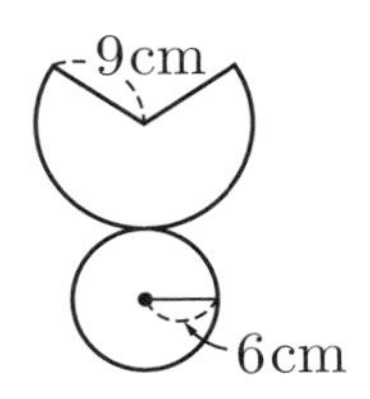

⑴　おうぎ形の中心角を求めなさい。

(　　　　　　　　　　)

⑵　円錐の表面積を求めなさい。

(　　　　　　　　　　)

❹ 次の円錐の表面積を求めなさい。

⑴　母線が12cmで，底面の半径が2cm

(　　　　　　　　　　)

⑵　母線が8cmで，底面の半径が1cm

(　　　　　　　　　　)

⑶　展開図のおうぎ形の半径が4cmで，弧の長さが6πcm

(　　　　　　　　　　)

⑷　展開図のおうぎ形の半径が10cmで，弧の長さが4πcm

(　　　　　　　　　　)

らくらく
マルつけ

Fa-44

円錐の表面積❷

答えと解き方➡別冊p.26

❶ 次の円錐（すい）について，あとの問いに答えなさい。

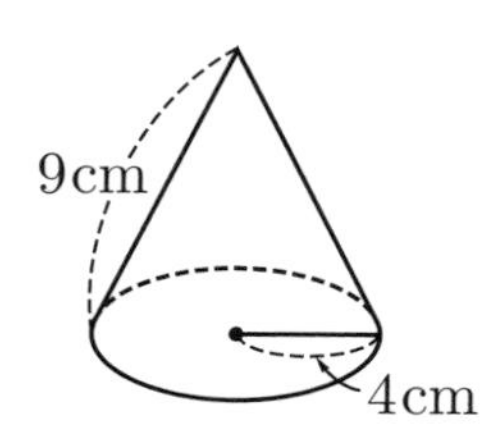

⑴ 展開図のおうぎ形の中心角を求めなさい。

(　　　　　　　　　　)

⑵ 円錐の表面積を求めなさい。

(　　　　　　　　　　)

❷ 次の円錐の表面積を求めなさい。

⑴ 母線（ぼせん）が8cmで，底面の半径が3cm

(　　　　　　　　　　)

⑵ 母線が12cmで，底面の半径が5cm

(　　　　　　　　　　)

⑶ 母線が10cmで，底面の円周が10πcm

(　　　　　　　　　　)

ヒント

❶ ⑴ $360° \times \dfrac{2\pi \times 4}{2\pi \times 9}$

⑵側面積は，

$\pi \times 9^2 \times \dfrac{中心角}{360}$

底面積は，$\pi \times 4^2$

❷ ⑶底面の半径を先に求める。

❸ 次の円錐について，あとの問いに答えなさい。

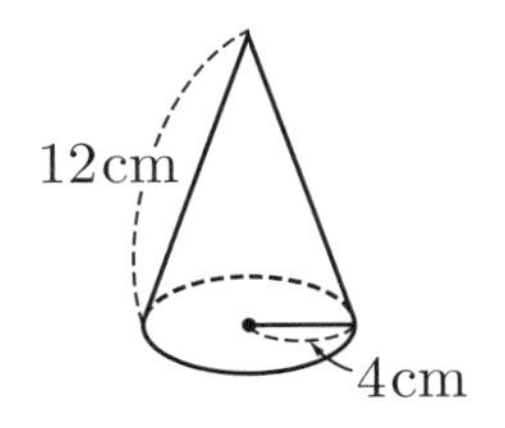

(1) 展開図のおうぎ形の中心角を求めなさい。

(　　　　　　　　　　)

(2) 円錐の表面積を求めなさい。

(　　　　　　　　　　)

❹ 次の円錐の表面積を求めなさい。

(1) 母線が8cm で，底面の半径が2cm

(　　　　　　　　　　)

(2) 母線が6cm で，底面の半径が5cm

(　　　　　　　　　　)

(3) 母線が5cm で，底面の円周が6πcm

(　　　　　　　　　　)

(4) 母線が8cm で，底面の円周が12πcm

(　　　　　　　　　　)

らくらく
マルつけ

Fa-45

球の体積と表面積

答えと解き方➡別冊p.26

❶ 次の球の，体積と表面積を求めなさい。

(1) 半径2cm

体積 (　　　　　　)

表面積 (　　　　　　)

(2) 半径3cm

体積 (　　　　　　)

表面積 (　　　　　　)

(3) 半径5cm

体積 (　　　　　　)

表面積 (　　　　　　)

❷ 次の半球の体積と表面積を求めなさい。

10cm

体積 (　　　　　　)

表面積 (　　　　　　)

ヒント

❶ (1)体積は，$\frac{4}{3}\pi\times2^3$
表面積は，$4\pi\times2^2$
(2)体積は，$\frac{4}{3}\pi\times3^3$
表面積は，$4\pi\times3^2$
(3)体積は，$\frac{4}{3}\pi\times5^3$
表面積は，$4\pi\times5^2$

❷ 体積は，$\frac{4}{3}\pi\times10^3\times\frac{1}{2}$
表面積は，$4\pi\times10^2\times\frac{1}{2}$に，下の面である円の面積をたす。

❸ 次の球の，体積と表面積を求めなさい。

(1) 半径4cm

体積 (　　　　　　　　　　)

表面積 (　　　　　　　　　　)

(2) 半径6cm

体積 (　　　　　　　　　　)

表面積 (　　　　　　　　　　)

(3) 半径1cm

体積 (　　　　　　　　　　)

表面積 (　　　　　　　　　　)

(4) 半径9cm

体積 (　　　　　　　　　　)

表面積 (　　　　　　　　　　)

❹ 次の半球の体積と表面積を求めなさい。

12cm

体積 (　　　　　　　　　　)

表面積 (　　　　　　　　　　)

らくらく
マルつけ

Fa-46

まとめのテスト❷

答えと解き方➡別冊p.27

❶ 次の直方体について，あとの問いに答えなさい。［10点×3＝30点］

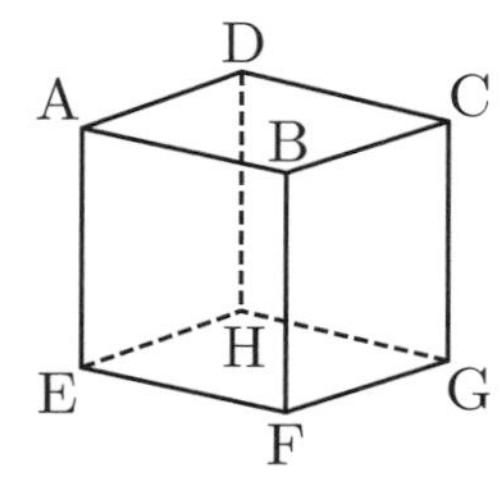

(1) 辺CGとねじれの位置にある辺をすべて答えなさい。

（　　　　　　　　）

(2) 辺EFと平行な面をすべて答えなさい。

（　　　　　　　　）

(3) 面AEHDに垂直な面をすべて答えなさい。

（　　　　　　　　）

❷ 次の投影図は，直方体，四角錐，円柱，円錐，三角柱，三角錐，球のうち，いずれかを表しています。あとの問いに答えなさい。［10点×2＝20点］

ア

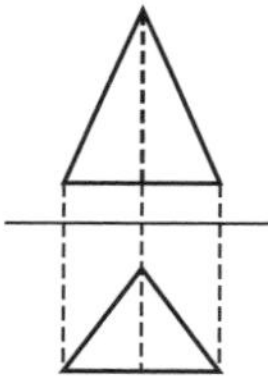

イ

(1) アの投影図が表している立体を答えなさい。

（　　　　　　　　）

(2) イの投影図が表している立体を答えなさい。

（　　　　　　　　）

❸ 次の立方体を図中に示した3点を通る平面で切断したとき，切断した面は何角形になるか答えなさい。［10点］

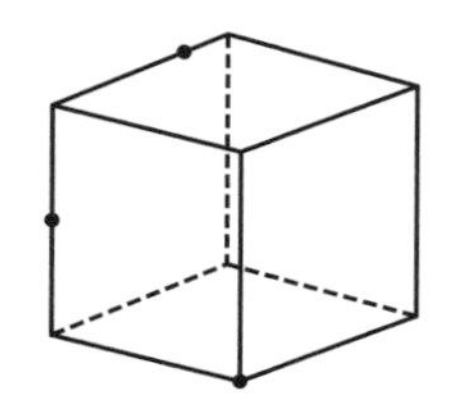

（　　　　　　　　）

❹ 次の図形を，直線ℓを軸(じく)として回転させてできる立体の見取図(みとりず)を右の枠内(わくない)にかきなさい。 [10点]

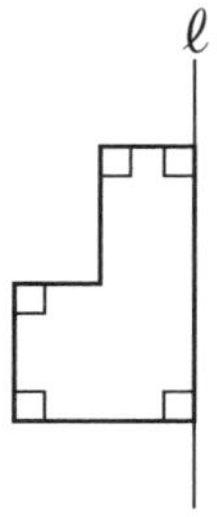

❺ 次の立体の，体積と表面積を求めなさい。 [5点×6＝30点]

(1) 底面の長方形が縦5cm，横4cmで，高さが6cmの直方体

体積（　　　　　　）

表面積（　　　　　　）

(2) 底面の円の半径が3cm，高さが4cmの円柱

体積（　　　　　　）

表面積（　　　　　　）

(3) 底面の円の半径が6cm，母線(ぼせん)が10cm，高さが8cmの円錐

体積（　　　　　　）

表面積（　　　　　　）

らくらくマルつけ

Fa-47

度数分布表，ヒストグラム

Fi-48

答えと解き方➡別冊p.27

❶ 次のデータは，20人の生徒が受けた小テストの得点を示したものです。このデータを度数分布表に表すと，右の表のようになりました。あとの問いに答えなさい。

2，5，6，1，8，
9，4，4，5，7，
3，6，5，3，1，
7，2，5，6，8（点）

得点	度数（人）	累積度数（人）
以上　未満		
0 ～ 2	ア	ア
2 ～ 4	4	6
4 ～ 6	イ	12
6 ～ 8	5	ウ
8 ～ 10	3	20
計	20	

(1) 表のアにあてはまる数を答えなさい。

（　　　　　　）

(2) 表のイにあてはまる数を答えなさい。

（　　　　　　）

(3) 表のウにあてはまる数を答えなさい。

（　　　　　　）

❷ 次のヒストグラムは，❶とは別の20人の生徒が受けた小テストの得点を表したものです。あとの問いに答えなさい。

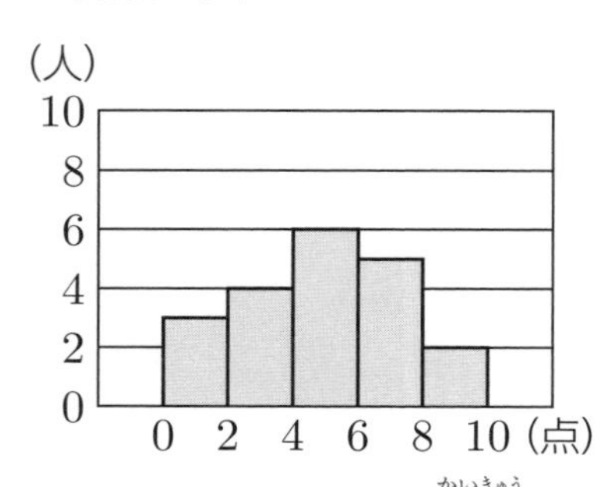

(1) 2点以上4点未満の階級の人数を答えなさい。

（　　　　　　）

(2) 得点が6点以上だった生徒の人数を答えなさい。

（　　　　　　）

ヒント

❶ (1)得点が0点以上2点未満だった生徒の人数があてはまる。
(2)4点以上6点未満の階級と，2点以上4点未満の階級の累積度数の差を求める。
(3)4点以上6点未満の階級の累積度数に，6点以上8点未満の階級の人数をたす。

❷ (1)ヒストグラムの高さを読みとる。
(2)6点以上8点未満の階級の人数と，8点以上10点未満の階級の人数をたす。

❸ 次のデータは，20人の生徒が半年で読んだ本の冊数を示したものです。このデータを度数分布表に表すと，右の表のようになりました。あとの問いに答えなさい。

8,	6,	2,	12,	0,
3,	1,	18,	7,	9,
4,	5,	10,	5,	2,
6,	13,	8,	4,	7（冊）

冊数（冊）	度数（人）	累積度数（人）
以上　　未満		
0 ～ 4	5	5
4 ～ 8	8	13
8 ～ 12	ア	イ
12 ～ 16	2	ウ
16 ～ 20	エ	20
計	20	

(1) 表のアにあてはまる数を答えなさい。

（　　　　　　）

(2) 表のイにあてはまる数を答えなさい。

（　　　　　　）

(3) 表のウにあてはまる数を答えなさい。

（　　　　　　）

(4) 表のエにあてはまる数を答えなさい。

（　　　　　　）

❹ 次のヒストグラムは，❸とは別の20人の生徒が半年で読んだ本の冊数を表したものです。あとの問いに答えなさい。

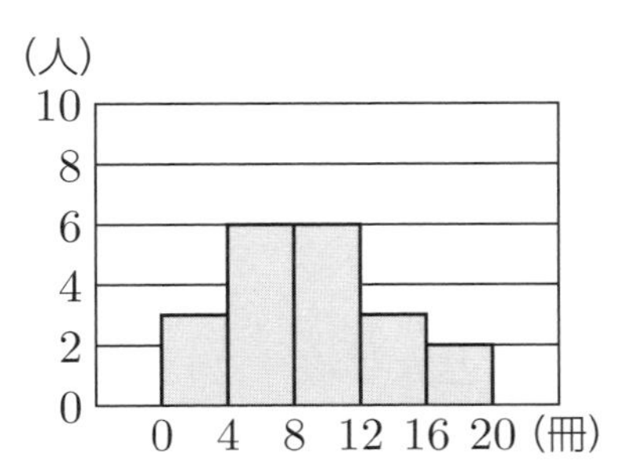

(1) 12冊以上16冊未満の階級の人数を答えなさい。

（　　　　　　）

(2) 読んだ本が8冊未満だった生徒の人数を答えなさい。

（　　　　　　）

(3) 読んだ本が4冊以上16冊未満だった生徒の人数を答えなさい。

（　　　　　　）

らくらく
マルつけ
Fa-48

範囲，度数折れ線

答えと解き方➡別冊p.28

1 次のデータの範囲(はんい)を求めなさい。

(1)　4，7，5，8，13，7，3，9，15，8（点）

（　　　　　　　）

(2)　25，16，32，35，23，18，22，39（kg）

（　　　　　　　）

2 次のヒストグラムに，度数(どすう)折れ線をかきなさい。

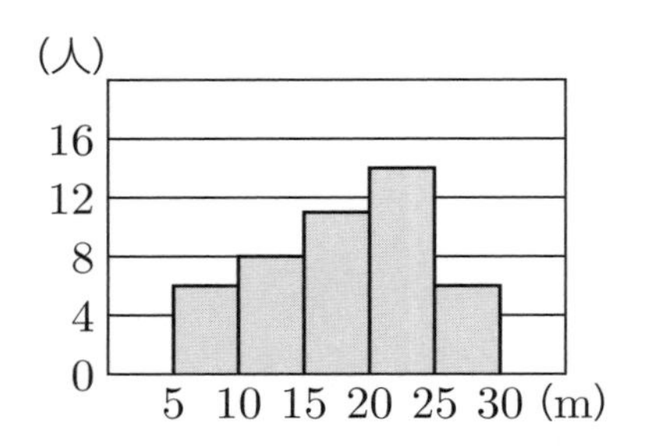

3 次のデータは，15人の生徒の通学時間を示したものです。あとの問いに答えなさい。

5，11，9，18，12，
22，12，9，10，19，
14，16，7，13，9（分）

(1)　右の度数分布表(ぶんぷひょう)を，空欄(くうらん)をうめて完成させなさい。

(2)　度数分布表をもとに，下の図にヒストグラムと度数折れ線をかきなさい。

時間（分）	度数（人）
以上　未満	
5 ～ 10	
10 ～ 15	
15 ～ 20	
20 ～ 25	
計	15

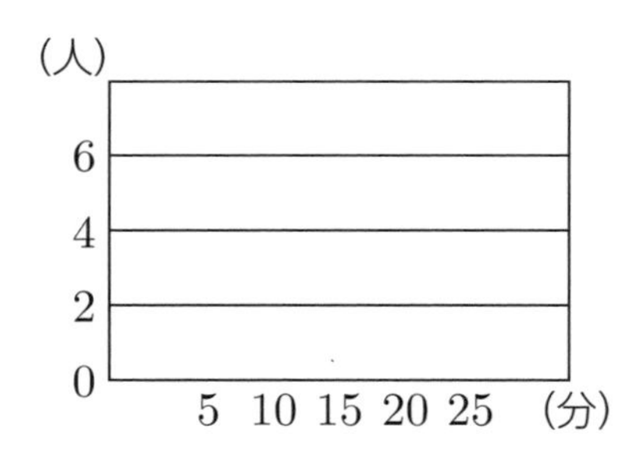

ヒント

1 (1)最大値である15点と最小値である3点の差を求める。
(2)最大値である39kgと最小値である16kgの差を求める。

2 それぞれの長方形の上の辺の中点(ちゅうてん)を結ぶ。その際，もっとも左の階級(かいきゅう)の前ともっとも右の階級のあとにも，度数が0の階級があるものとして線を結ぶ。

3 (1)それぞれの階級にあてはまるデータの数を数える。
(2)それぞれの階級の数を高さとする長方形をかいたあと，度数折れ線をかく。

❹ 次のデータの範囲を求めなさい。

(1) 6, 12, 7, 6, 14, 13, 6, 11, 8, 5(点)

(　　　　　　　　)

(2) 34, 41, 38, 39, 52, 35, 55, 46(kg)

(　　　　　　　　)

(3) 145, 156, 135, 164, 148, 167(cm)

(　　　　　　　　)

(4) 8.2, 9.1, 7.4, 7.7, 8.3, 8.1(秒)

(　　　　　　　　)

❺ 次のヒストグラムに，度数折れ線をかきなさい。

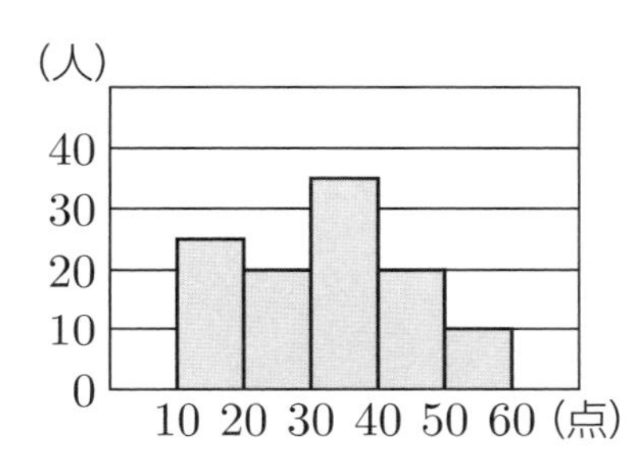

❻ 次のデータは，15人の生徒の50m走の記録を示したものです。あとの問いに答えなさい。

7.2, 8.1, 8.3, 7.6, 8.8,
7.9, 8.6, 8.4, 7.4, 9.2,
8.7, 9.0, 8.5, 7.4, 8.0 (秒)

(1) 右の度数分布表を，空欄をうめて完成させなさい。

(2) 度数分布表をもとに，下の図にヒストグラムと度数折れ線をかきなさい。

(人)
6
4
2
0
7.0 7.5 8.0 8.5 9.0 9.5 (秒)

記録（秒）	度数（人）
以上　　未満	
7.0 ～ 7.5	
7.5 ～ 8.0	
8.0 ～ 8.5	
8.5 ～ 9.0	
9.0 ～ 9.5	
計	15

らくらく
マルつけ

Fa-49

相対度数

答えと解き方➡別冊p.29

❶ 次の度数分布表は，A班の20人の生徒が受けた小テストの得点を表したものです。あとの問いに答えなさい。

得点 以上　未満	度数（人）	相対度数	累積相対度数
0 ～ 2	2	0.10	0.10
2 ～ 4	4	ア	イ
4 ～ 6	8	0.40	0.70
6 ～ 8	ウ	0.25	0.95
8 ～ 10	1	0.05	1.00
計	20	1.00	

(1) 表のアにあてはまる数を答えなさい。

（　　　　）

(2) 表のイにあてはまる数を答えなさい。

（　　　　）

(3) 表のウにあてはまる数を答えなさい。

（　　　　）

(4) 得点が4点以上6点未満だった生徒は全体の何％か答えなさい。

（　　　　）

(5) 次の度数分布表は，B班の18人の生徒が受けた小テストの得点を表したものです。得点が8点以上だった生徒の割合が多いのは，A班とB班のどちらか答えなさい。

得点 以上　未満	度数（人）	相対度数	累積相対度数
0 ～ 2	0	0.00	0.00
2 ～ 4	9	0.50	0.50
4 ～ 6	5	0.28	0.78
6 ～ 8	2	0.11	0.89
8 ～ 10	2	0.11	1.00
計	18	1.00	

（　　　　）

(6) 得点が6点以上だった生徒の割合が多いのは，A班とB班のどちらか答えなさい。

（　　　　）

ヒント

❶ (1)2点以上4点未満の階級の度数を，度数の合計でわればよい。

(2)0点以上2点未満の階級の累積相対度数に2点以上4点未満の階級の相対度数をたす。

(3)度数の合計に，6点以上8点未満の階級の相対度数をかける。

(4)4点以上6点未満の階級の相対度数を百分率で表す。

(5)8点以上10点未満の階級の相対度数を比べる。

(6)6点以上8点未満の階級と8点以上10点未満の階級の相対度数の合計を比べる。

❷ 次の度数分布表は，1組の40人の50 m走の生徒の記録を表したものです。あとの問いに答えなさい。

記録（秒）	度数（人）	相対度数	累積相対度数
以上　　未満			
7.0 〜 7.5	4	0.10	0.10
7.5 〜 8.0	8	0.20	ア
8.0 〜 8.5	12	0.30	0.60
8.5 〜 9.0	イ	ウ	0.90
9.0 〜 9.5	4	0.10	1.00
計	40	1.00	

(1) 表の**ア**にあてはまる数を答えなさい。

（　　　　　）

(2) 表の**イ**にあてはまる数を答えなさい。

（　　　　　）

(3) 表の**ウ**にあてはまる数を答えなさい。

（　　　　　）

(4) 記録が9.0秒以上9.5秒未満だった生徒は全体の何％か答えなさい。

（　　　　　）

(5) 次の度数分布表は，2組の42人の生徒の50 m走の記録を表したものです。記録が7.5秒未満だった生徒の割合が多いのは，1組と2組のどちらか答えなさい。

記録（秒）	度数（人）	相対度数	累積相対度数
以上　　未満			
7.0 〜 7.5	3	0.07	0.07
7.5 〜 8.0	13	0.31	0.38
8.0 〜 8.5	15	0.36	0.74
8.5 〜 9.0	9	0.21	0.95
9.0 〜 9.5	2	0.05	1.00
計	42	1.00	

（　　　　　）

(6) 記録が8.0秒未満だった生徒の割合が多いのは，1組と2組のどちらか答えなさい。

（　　　　　）

(7) 記録が8.5秒以上だった生徒の割合が多いのは，1組と2組のどちらか答えなさい。

（　　　　　）

らくらく
マルつけ
Fa-50

相対度数と確率

答えと解き方➡別冊p.29

❶ 次の表は，あるコインについて，投げた回数とそれぞれの面が出た回数を表したものです。あとの問いに答えなさい。

投げた回数	表が出た回数	相対度数（そうたいどすう）	裏が出た回数	相対度数
100	42	0.42	58	ア
200	92	イ	108	0.54
300	141	0.47	159	0.53
400	192	0.48	ウ	エ
500	245	0.49	255	0.51

(1)　表の**ア**にあてはまる数を答えなさい。

（　　　　　　　）

(2)　表の**イ**にあてはまる数を答えなさい。

（　　　　　　　）

(3)　表の**ウ**にあてはまる数を答えなさい。

（　　　　　　　）

(4)　表の**エ**にあてはまる数を答えなさい。

（　　　　　　　）

(5)　コインを1000回投げたときの表が出た回数の相対度数に，もっとも近いと考えられるものを次の数から選びなさい。

0.40　0.45　0.50　0.55　0.60

（　　　　　　　）

(6)　コインを1600回投げたときの表が出た回数に，もっとも近いと考えられるものを次の数から選びなさい。

750　800　850　900　950

（　　　　　　　）

ヒント

❶ (1)裏が出た回数を投げた回数でわる。
(2)表が出た回数を投げた回数でわる。
(3)投げた回数から表が出た回数をひく。
(4)裏が出た回数を投げた回数でわる。
(5)表が出た回数の相対度数の変化から，近づいていると考えられる数を選ぶ。
(6) (5)の相対度数を用いて，1600回投げたときに表が出た回数を求める。

❷ 次の表は，あるビンのふたについて，投げた回数とそれぞれの面が出た回数を表したものです。あとの問いに答えなさい。

投げた回数	表が出た回数	相対度数	裏が出た回数	相対度数
100	44	0.44	56	0.56
200	82	0.41	118	0.59
300	108	ア	192	0.64
400	148	0.37	252	0.63
500	190	0.38	310	0.62

(1) 表のアにあてはまる数を答えなさい。

（　　　　　）

(2) ビンのふたを1000回投げたときの表の出た回数の相対度数に，もっとも近いと考えられるものを次の数から選びなさい。

0.35　0.40　0.45　0.50　0.55

（　　　　　）

(3) ビンのふたを2000回投げたときの表の出た回数に，もっとも近いと考えられるものを次の数から選びなさい。

650　700　750　800　850

（　　　　　）

❸ 次の表は，あるさいころについて，投げた回数と1の面，1以外の面が出た回数を表したものです。あとの問いに答えなさい。

投げた回数	1の面が出た回数	相対度数	1以外の面が出た回数	相対度数
200	26	0.13	174	0.87
400	55	0.14	345	0.86
600	90	0.15	ア	0.85
800	120	0.15	680	0.85

(1) 表のアにあてはまる数を答えなさい。

（　　　　　）

(2) さいころを1000回投げたときの1の面が出た回数の相対度数に，もっとも近いと考えられるものを次の数から選びなさい。

0.12　0.16　0.20　0.24　0.28

（　　　　　）

(3) さいころを3000回投げたときの1以外の面が出た回数に，もっとも近いと考えられるものを次の数から選びなさい。

1900　2200　2500　2800　3100

（　　　　　）

らくらく マルつけ

Fa-51

まとめのテスト❸

／100点

答えと解き方➡別冊p.30

❶ 次のヒストグラムは，25人の生徒が受けた20点満点の小テストの得点を，0点以上4点未満のように4点ごとの区間に区切って表したものです。あとの問いに答えなさい。

［10点×3＝30点］

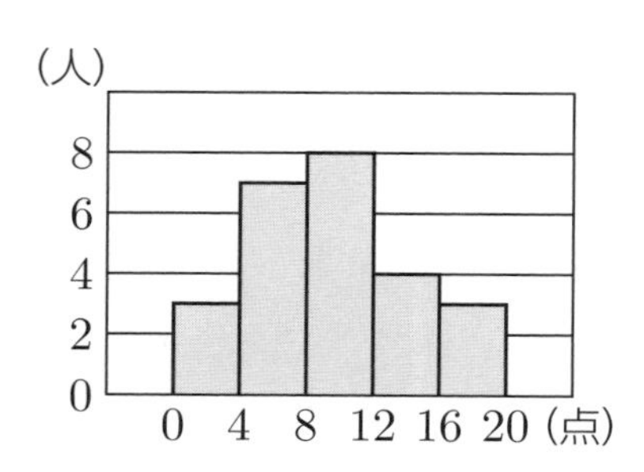

⑴ 16点以上20点未満の階級の人数を答えなさい。

（　　　　　　）

⑵ 8点以上12点未満の階級の相対度数を求めなさい。

（　　　　　　）

⑶ 得点が8点未満だった生徒の人数は全体の何％か求めなさい。

（　　　　　　）

❷ 次のデータは，20人の生徒の通学時間を示したものです。あとの問いに答えなさい。

［10点×2＝20点］

8,	10,	12,	14,	21,	
18,	12,	20,	9,	24,	
20,	17,	7,	9,	13,	
15,	23,	18,	12,	8	(分)

時間（分）	度数（人）
以上　　未満	
5 ～ 10	
10 ～ 15	
15 ～ 20	
20 ～ 25	
計	20

⑴ 右の度数分布表を，空欄をうめて完成させなさい。

⑵ 度数分布表をもとに，下の図にヒストグラムと度数折れ線をかきなさい。

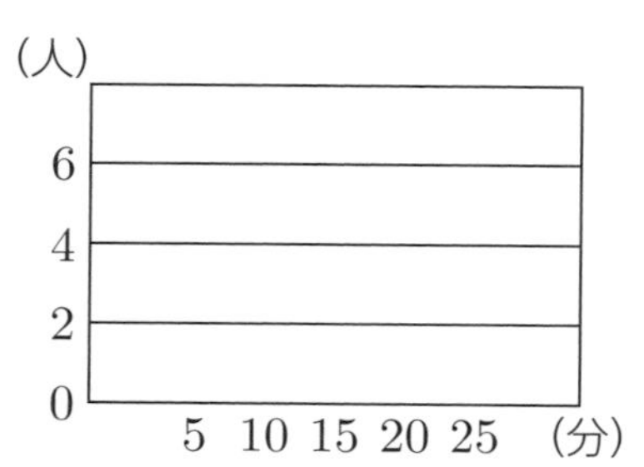

3 あるコインを900回投げたとき，表が360回出ました。このコインを1600回投げたときの表が出た回数に，もっとも近いと考えられるものを次の数から選びなさい。

[10点]

500　550　600　650　700

(　　　　　　　　)

4 次の度数分布表は，A班の24人の生徒と，B班の16人の生徒が行ったゲームの得点を表したものです。あとの問いに答えなさい。[10点×4＝40点]

得点	A班		B班	
	度数（人）	相対度数	度数（人）	相対度数
以上　未満				
0 ～ 10	4	0.17	3	0.19
10 ～ 20	6	0.25	4	0.25
20 ～ 30	6	0.25	5	0.31
30 ～ 40	8	0.33	3	0.19
40 ～ 50	0	0.00	1	0.06
計	24	1.00	16	1.00

(1) 得点が20点以上30点未満だった生徒の人数が多いのは，A班とB班のどちらか答えなさい。

(　　　　　　　　)

(2) 得点が30点以上だった生徒の割合が多いのは，A班とB班のどちらか答えなさい。

(　　　　　　　　)

(3) 全体でもっとも高い得点の生徒がいるのは，A班とB班のどちらか答えなさい。

(　　　　　　　　)

(4) 次のア～ウから，表から読みとれることとして正しいものを1つ選びなさい。

ア　A班には，得点が10点だった生徒がいる。
イ　得点が20点未満だった生徒の人数が多いのはA班である。
ウ　得点が20点未満だった生徒の割合が多いのはA班である。

(　　　　　　　　)

らくらくマルつけ

Fa-52

チャレンジテスト❶

／100点

答えと解き方➡別冊p.30

1 下の図のように，底面の半径が6 cm，体積が $132\pi\,\mathrm{cm}^3$ の円錐(すい)があります。この円錐の高さを求めなさい。【北海道】[15点]

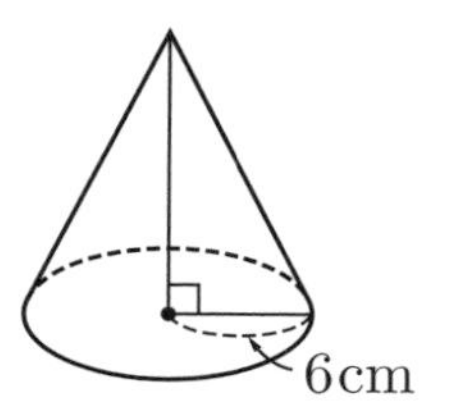

(　　　　　　　)

2 下の図形は円である。この図形の対称(たいしょう)の軸(じく)を１本，作図によって求めなさい。

【富山県】[15点]

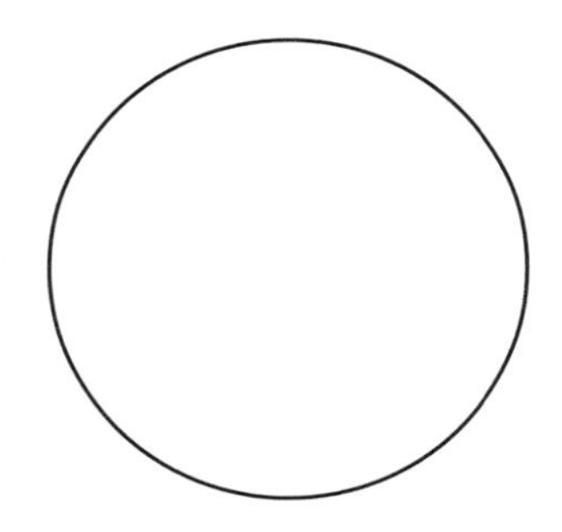

3 下の図において，点Aは辺OX上の点である。点Aから辺OYにひいた垂線(すいせん)上にあり，２辺OX，OYから等しい距離(きょり)にある点Pを作図しなさい。【静岡県】[15点]

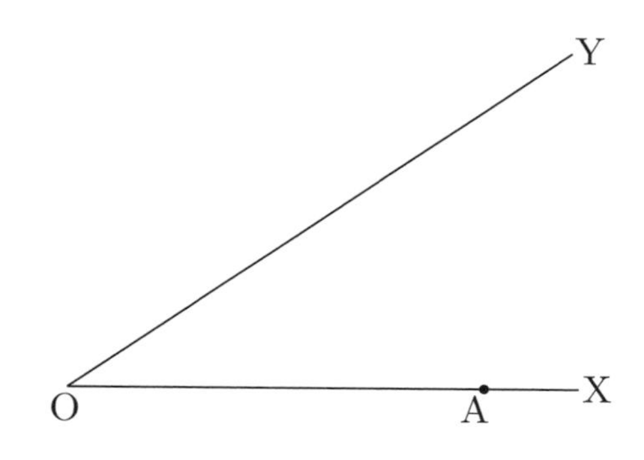

4 下の図は，AB＝2cm，BC＝3cm，CD＝3cm，∠ABC＝∠BCD＝90°の台形ABCDである。台形ABCDを，辺CDを軸として1回転させてできる立体の体積を求めなさい。ただし，円周率はπとします。【栃木県】[15点]

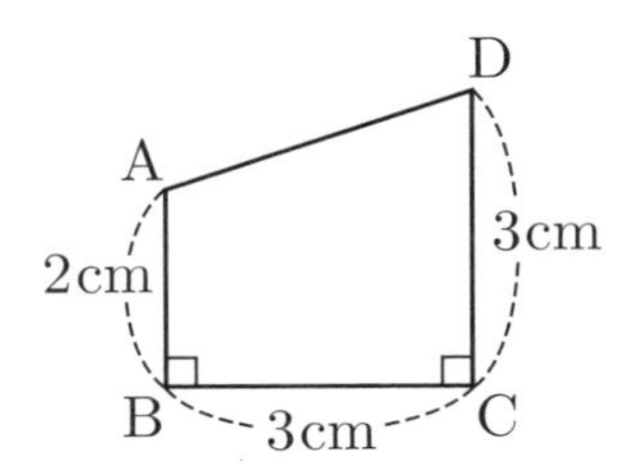

（　　　　　　　　　　）

5 下の図は，立方体の展開図である。この展開図を組み立てて立方体をつくるとき，面イの1辺である辺ABと垂直になる面を，面ア～カからすべて選び，記号で答えなさい。【群馬県】[10点]

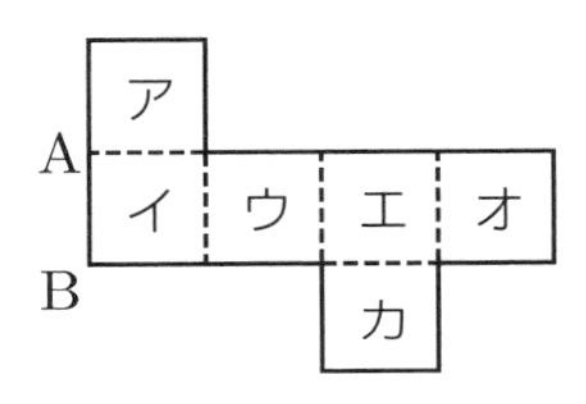

（　　　　　　　　　　）

6 右の表は，あるクラスの生徒20人のハンドボール投げの記録を度数分布表に整理したものである。記録が20m以上24m未満の階級の相対度数を求めなさい。また，28m未満の累積相対度数を求めなさい。

【青森県】[10点×2＝20点]

階級（m）	度数（人）
以上　　未満	
16 ～ 20	4
20 ～ 24	6
24 ～ 28	1
28 ～ 32	7
32 ～ 36	2
計	20

相対度数（　　　　　　　　　　）

累積相対度数（　　　　　　　　　　）

7 母線が12cmで，底面の半径が8cmである円錐の表面積を求めなさい。[10点]

（　　　　　　　　　　）

らくらく
マルつけ

Fa-53

チャレンジテスト❷

／100点

答えと解き方➡別冊p.31

1 下の図の立体は，底面の半径が$4\,\mathrm{cm}$，高さが$a\,\mathrm{cm}$の円柱である。下の図の円柱の表面積は$120\pi\,\mathrm{cm}^2$である。aの値を求めなさい。【大阪府】[15点]

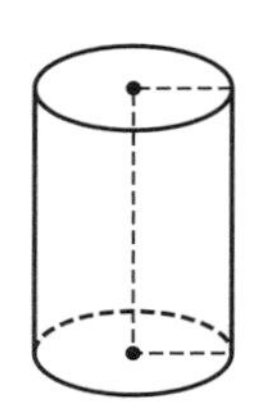

（　　　　　　　　　）

2 下の図で，円Oと直線ℓは交わっていない。下の図をもとにして，円Oの周上にあり，直線ℓとの距離がもっとも長くなる点Pを，定規とコンパスを用いて作図によって求め，点Pの位置を示す文字Pも書きなさい。【東京都】[15点]

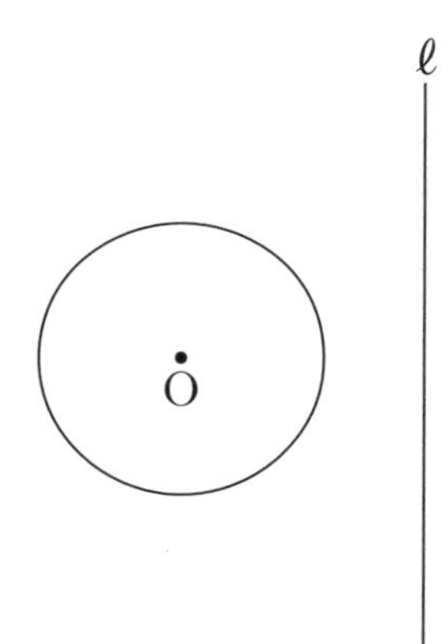

3 下の図で，直線ℓと点Aで接する円のうち，中心が2点B，Cから等しい距離にある円を，定規とコンパスを用いて作図しなさい。【三重県】[15点]

B

C

4 下の図で，△PQRは，△ABCを回転移動したものである。このとき，回転の中心である点Oをコンパスと定規を使って作図しなさい。【宮崎県】[15点]

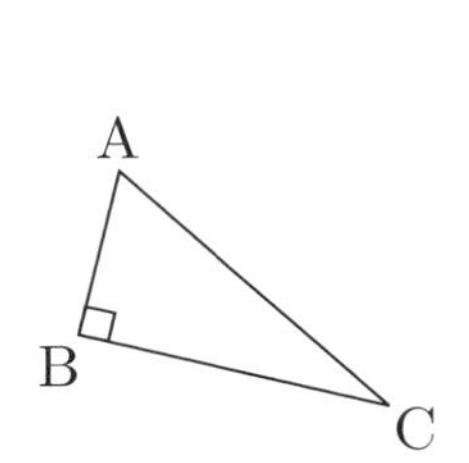

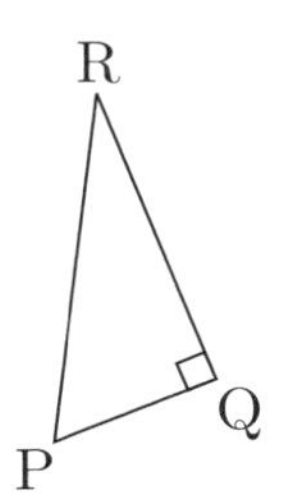

5 下の図は，半径が3cmの球Aと底面の半径が2cmの円柱Bである。AとBの体積が等しいとき，Bの高さを求めなさい。【長野県】[15点]

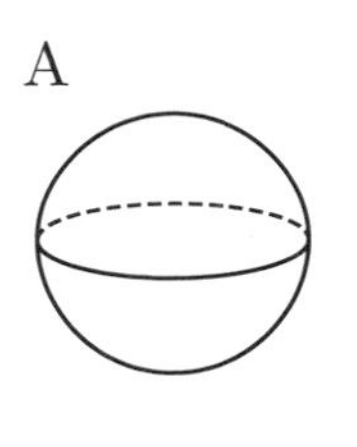

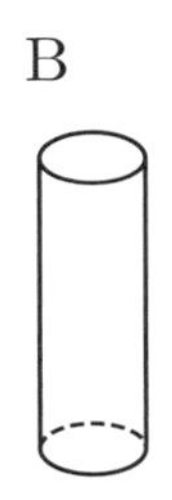

(　　　　　　)

6 空間内の平面について正しく述べたものを，次のアからエまでの中からすべて選びなさい。【愛知県】[15点]

ア　異なる2点をふくむ平面は1つしかない。
イ　交わる2直線をふくむ平面は1つしかない。
ウ　平行な2直線をふくむ平面は1つしかない。
エ　同じ直線上にある3点をふくむ平面は1つしかない。

(　　　　　　)

7 下の図のような母線（ぼせん）の長さが4cmの円錐（すい）がある。この円錐の側面の展開図が半円になるとき，この円錐の底面の半径を求めなさい。【佐賀県】[10点]

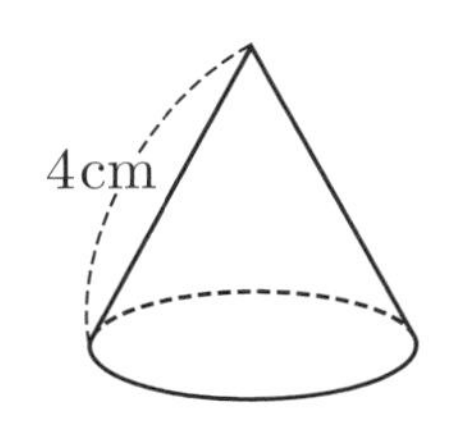

(　　　　　　)

らくらく
マルつけ

Fa-54

□ 編集協力　㈱オルタナプロ　山中綾子　山腰政喜
□ 本文デザイン　土屋裕子(㈲ウエイド)
□ コンテンツデザイン　㈲Y-Yard
□ 図版作成　㈲デザインスタジオエキス.

シグマベスト
**アウトプット専用問題集
中１数学[図形・データの活用]**

編　者　文英堂編集部
発行者　益井英郎
印刷所　岩岡印刷株式会社
発行所　株式会社文英堂
〒601-8121　京都市南区上鳥羽大物町28
〒162-0832　東京都新宿区岩戸町17
(代表)03-3269-4231

●落丁・乱丁はおとりかえします。

ΣBEST シグマベスト

書いて定着

専用問題集

アウトプット

中1数学

図形・データの活用

答えと解き方

文英堂

1 図形の記号と用語 本冊 p.4

❶ (1)$\triangle$**ABC** (2)$\triangle$**DEF** (3)$\angle$**ABC**
(4)$\angle$**EFD**

❷ (1)**AB**$/\!/$**DC，AD**$/\!/$**BC** (2)**AB**$\perp$**AD**
(3)**BC**$\perp$**CD**

❸ (1)$\triangle$**ABC** (2)$\triangle$**DEF** (3)$\angle$**CAB**
(4)$\angle$**DEF**

❹ (1)**AD**$/\!/$**BC** (2)**AD**$\perp$**CD**
(3)**BC**$\perp$**CD**

❺ (1)$\ell /\!/ m$ (2)**AC**$\perp$**BD**

解き方

❶ (1) 三角形ABCは，△の記号を使って△ABCと表します。
(2) 三角形DEFは，△の記号を使って△DEFと表します。
(3) 辺ABと辺BCによってできる角は，∠ABCと表します。
(4) 辺EFと辺DFによってできる角は，∠EFDと表します。

❷ (1) 辺ABとDC，辺ADと辺BCがそれぞれ平行なので，//の記号を使って表します。
(2)(3) 垂直であることは，⊥の記号を使って表します。

❸ (1) 三角形ABCは，△の記号を使って△ABCと表します。
(2) 三角形DEFは，△の記号を使って△DEFと表します。
(3) 辺ACと辺ABによってできる角は，∠CABと表します。
(4) 辺DEと辺EFによってできる角は，∠DEFと表します。

❹ (1) 辺ADと辺BCが平行なので，//の記号を使って表します。
(2)(3) 垂直であることは，⊥の記号を使って表します。

❺ (1) //の記号を使って表します。
(2) ⊥の記号を使って表します。

2 中点・角の大きさ 本冊 p.6

❶ (1)**2** (2)**−3**

❷ (1)**360°** (2)**90°**

❸ (1)**150°** (2)**60°**

❹ (1)**−3** (2)**1** (3)**4.5**

❺ (1)**180°** (2)**120°** (3)**60°**

❻ (1)**45°** (2)**130°**

解き方

❶ それぞれの線分（せんぶん）を2等分する位置に対応する数を答えます。

❷ (1) 1回転なので，360°
(2) $\frac{1}{4}$回転なので，$360° \times \frac{1}{4} = 90°$

❸ (1) $180° - 30° = 150°$
(2) $180° - 120° = 60°$

❹ それぞれの線分を2等分する位置に対応する数を答えます。

❺ (1) $\frac{1}{2}$回転なので，$360° \times \frac{1}{2} = 180°$
(2) $\frac{1}{3}$回転なので，$360° \times \frac{1}{3} = 120°$
(3) $\frac{1}{6}$回転なので，$360° \times \frac{1}{6} = 60°$

❻ (1) $180° - 135° = 45°$
(2) $180° - 50° = 130°$

3 平行移動 本冊 p.8

❶
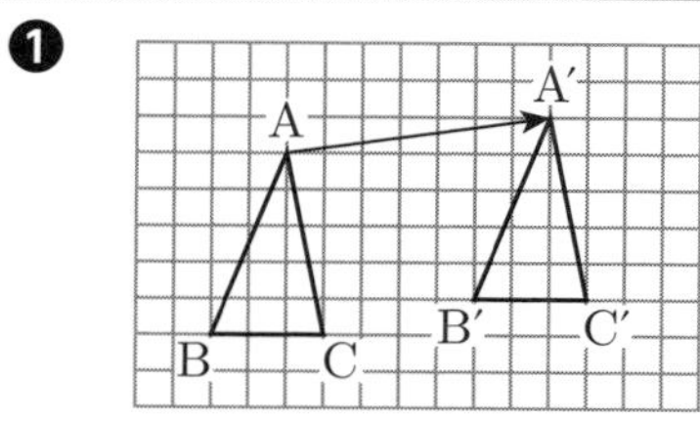

❷ (1)点**A′** (2)∠**B′C′A′** (3)∠**CAB**
(4)辺**A′C′** (5)線分（せんぶん）**BB′**，線分**CC′**

❸
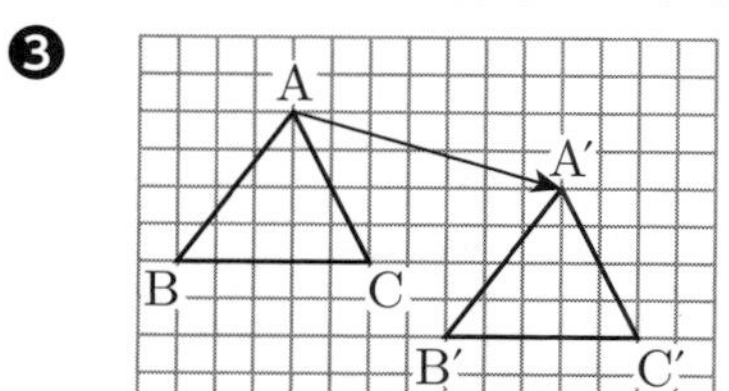

❹ (1)点**C′** (2)∠**A′B′C′** (3)∠**BCA**
(4)辺**B′C′** (5)辺**AB**
(6)線分**AA′**，線分**BB′**

解き方

❶ 頂点Aを矢印の向きに矢印の長さだけ平行移動した点を頂点A′とします。この移動と同じように頂点B，Cを平行移動させ，頂点B′，C′とします。

❷ (1) 点Aに対応するのは，点A′
(2) ∠BCAと，それに対応する∠B′C′A′は等しい大きさです。
(3) ∠C′A′B′と，それに対応する∠CABは等しい大きさです。
(4) 辺ACと，それに対応する辺A′C′は等しい長さです。
(5) ある図形を平行移動させると，**対応する点を結ぶ線分どうしは平行で長さが等しくなります。**

❸ 頂点Aを矢印の向きに矢印の長さだけ平行移動した点を頂点A′とします。この移動と同じように頂点B，Cを平行移動させ，頂点B′，C′とします。

❹ (1) 点Cに対応するのは，点C′
(2) ∠ABCと，それに対応する∠A′B′C′は等しい大きさです。
(3) ∠B′C′A′と，それに対応する∠BCAは等しい大きさです。
(4) 辺BCと，それに対応する辺B′C′は等しい長さです。
(5) 辺A′B′と，それに対応する辺ABは等しい長さです。
(6) ある図形を平行移動させると，対応する点を結ぶ線分どうしは平行で長さが等しくなります。

4 回転移動

本冊 p.10

❶
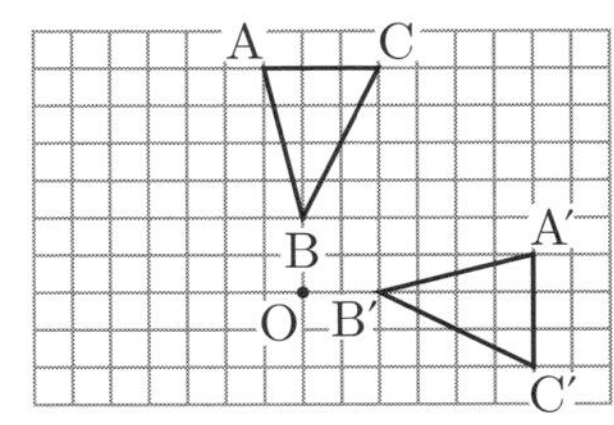

❷ (1)点**B′** (2)∠**C′A′B′** (3)∠**ABC**
(4)辺**B′C′** (5)∠**BOB′**，∠**COC′**

❸
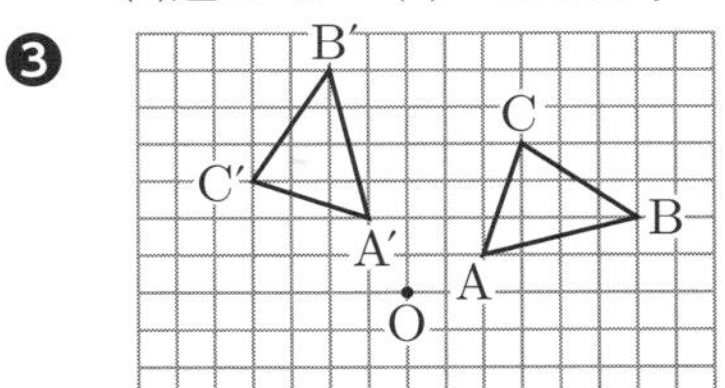

❹ (1)点**A′** (2)∠**A′B′C′** (3)∠**BCA**
(4)辺**A′C′** (5)辺**AB**
(6)∠**AOA′**，∠**BOB′**

解き方

❶ 線分(せんぶん)OAを回転移動させた線分が，線分OA′になります。同じように線分OB′，OC′の位置を考えて，△A′B′C′をかきます。

❷ (1) 点Bに対応するのは，点B′
(2) ∠CABと，それに対応する∠C′A′B′は等しい大きさです。
(3) ∠A′B′C′と，それに対応する∠ABCは等しい大きさです。
(4) 辺BCと，それに対応する辺B′C′は等しい長さです。
(5) ある図形を回転移動させると，**対応する点と回転の中心を結んでできる角は，すべて大きさが等しくなります。**

❸ 線分OAを回転移動させた線分が，線分OA′になります。同じように線分OB′，OC′の位置を考えて，△A′B′C′をかきます。

❹ (1) 点Aに対応するのは，点A′
(2) ∠ABCと，それに対応する∠A′B′C′は等しい大きさです。
(3) ∠B′C′A′と，それに対応する∠BCAは等しい大きさです。

(4)　辺ACと，それに対応する辺A′C′は等しい長さです。

(5)　辺A′B′と，それに対応する辺ABは等しい長さです。

(6)　ある図形を回転移動させると，対応する点と回転の中心を結んでできる角は，すべて大きさが等しくなります。

5 対称移動，移動を組み合わせる

本冊 p.12

❶

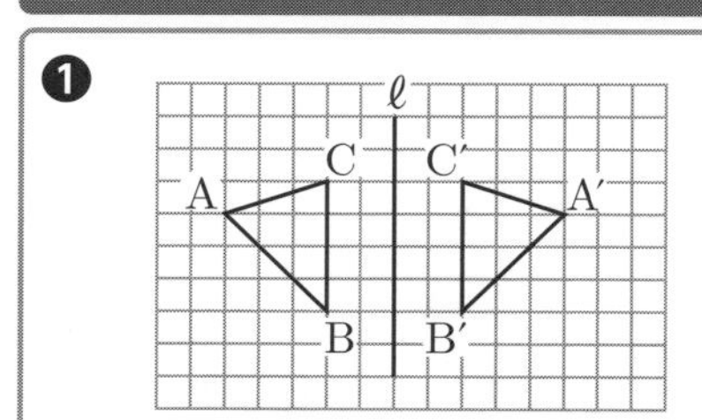

❷ (1)**∠B′C′A′**　(2)**辺A′C′**
(3)**線分**(せんぶん)**AA′，線分BB′，線分CC′**

❸ **回転移動**

❹

❺ (1)**∠C′A′B′**　(2)**∠ABC**　(3)**辺A′B′**
(4)**線分BB′，線分CC′**

❻ **対称移動**(たいしょう)

解き方

❶　直線ℓを折り目としたときに，頂点Aが移動する位置が頂点A′となります。同じように頂点B′，C′の位置を考えて，△A′B′C′をかきます。

❷ (1)　∠BCAと，それに対応する∠B′C′A′は等しい大きさです。

(2)　辺ACと，それに対応する辺A′C′は等しい長さです。

(3)　ある図形を対称移動させると，**対応する点を結ぶ線分は，すべて対称の軸**(じく)**に垂直になります**。

❸　△ABCを回転移動させると，△A′B′C′と同じ向きにすることができます。

❹　直線ℓを折り目としたときに，頂点Aが移動する位置が頂点A′となります。同じように頂点B′，C′の位置を考えて，△A′B′C′をかきます。

❺ (1)　∠CABと，それに対応する∠C′A′B′は等しい大きさです。

(2)　∠A′B′C′と，それに対応する∠ABCは等しい大きさです。

(3)　辺ABと，それに対応する辺A′B′は等しい長さです。

(4)　ある図形を対称移動させると，対応する点を結ぶ線分どうしは平行になります。

❻　△ABCを対称移動させると，△A′B′C′と同じ向きにすることができます。

6 基本の作図❶

本冊 p.14

❶

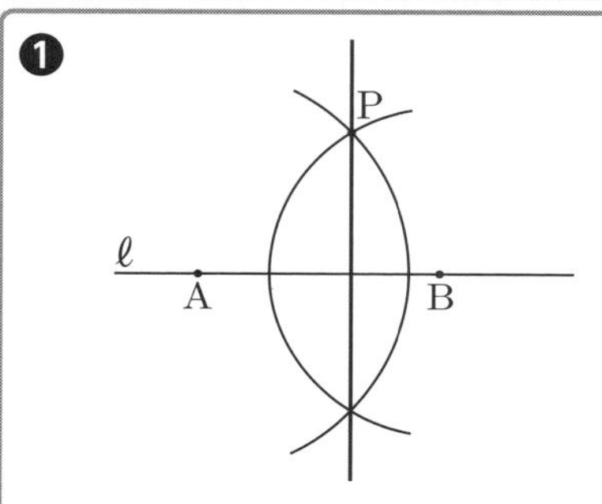

❷

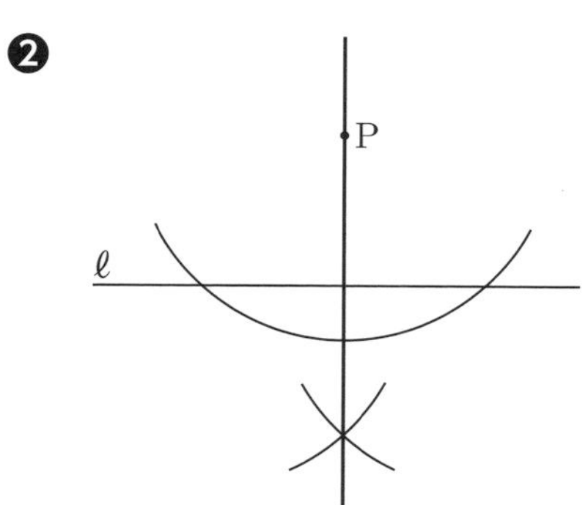

❸ (1)

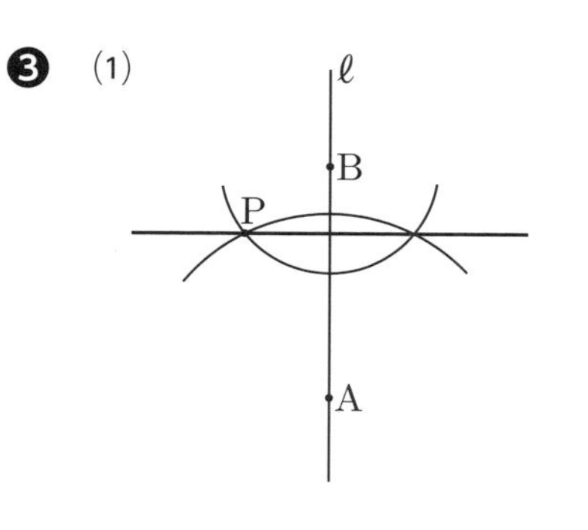

(2)

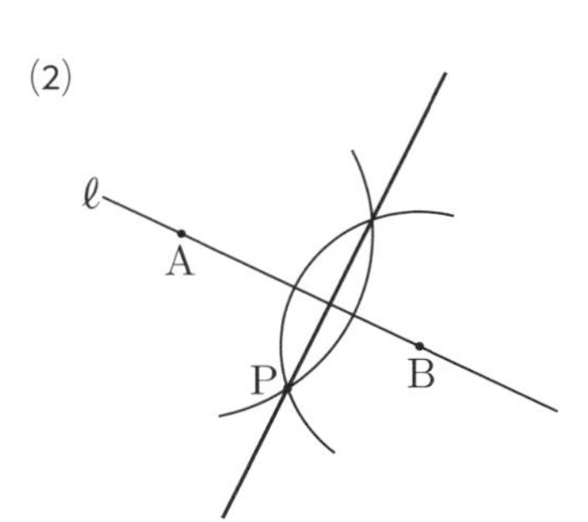

❹ (1)

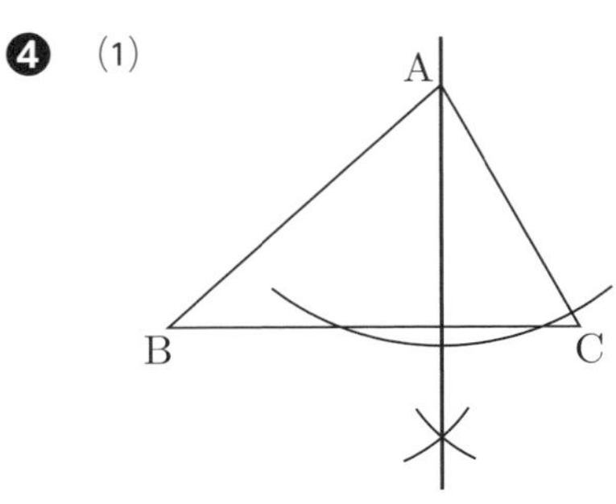

(2)

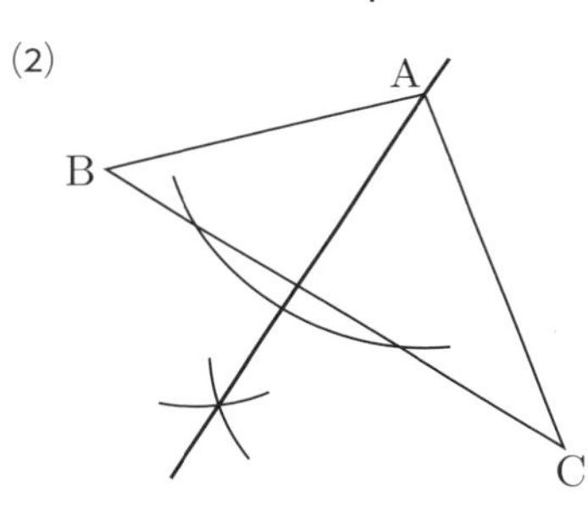

(3)

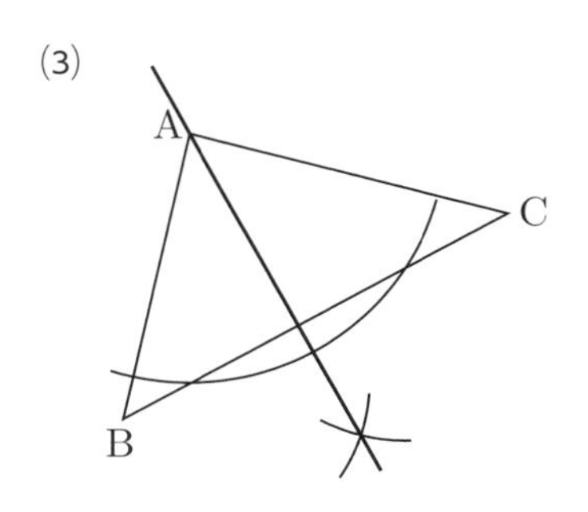

(4)

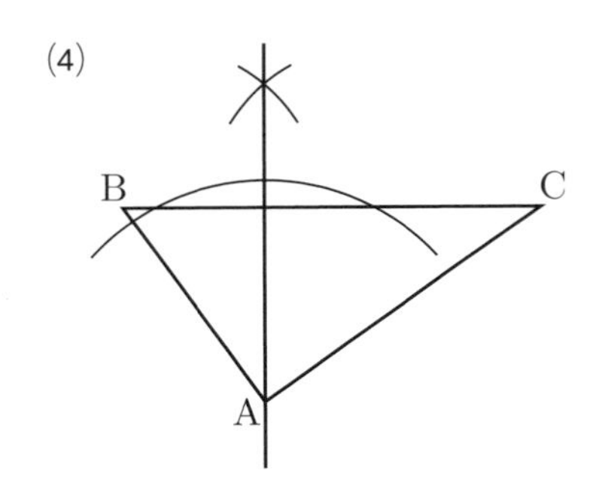

解き方

❶ 次の手順で作図します。

1. 直線ℓ上に2点A，Bをとる。
2. 点Aを中心とする半径APの円と，点Bを中心とする半径BPの円をかく。
3. 2つの円の交点を通る直線をひく。

❷ 次の手順で作図します。

1. 点Pを中心とする，直線ℓに交わる円をかく。
2. 1でかいた円と直線ℓの2つの交点から，等しい半径の円をかく。
3. 2でかいた2つの円の交点と，点Pを通る直線をかく。

❸ 次の手順で作図します。

1. 直線ℓ上に2点A，Bをとる。
2. 点Aを中心とする半径APの円と，点Bを中心とする半径BPの円をかく。
3. 2つの円の交点を通る直線をひく。

❹ 次の手順で作図します。

1. 頂点Aを中心とする，辺BCに交わる円をかく。
2. 1でかいた円と辺BCの2つの交点から，等しい半径の円をかく。
3. 2でかいた2つの円の交点と，頂点Aを通る直線をかく。

7 基本の作図❷

本冊 p.16

❶

❷

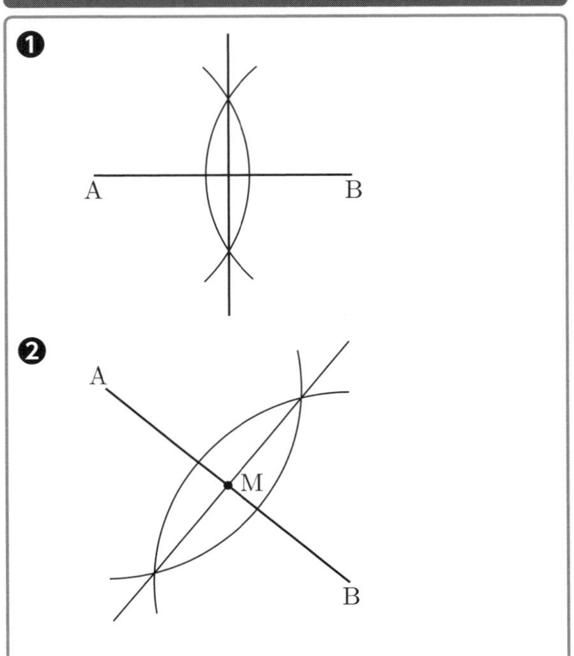

❸ (1)

(2)

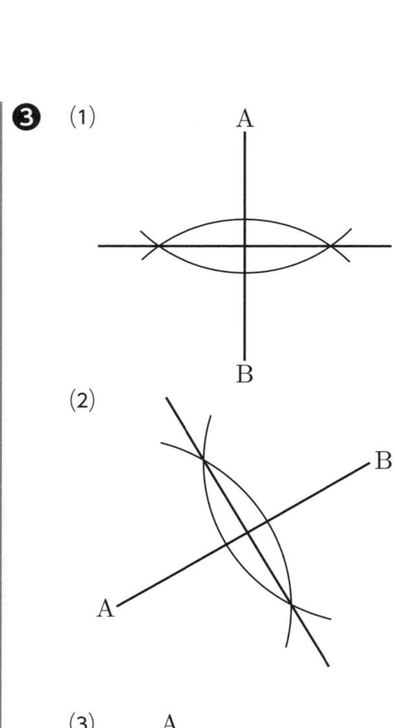

(3)

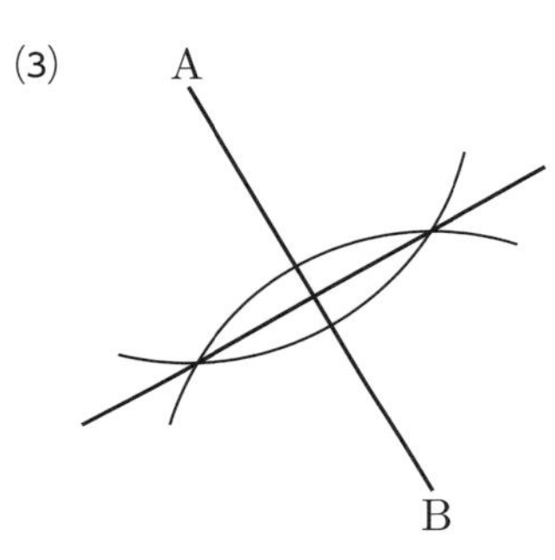

(4)

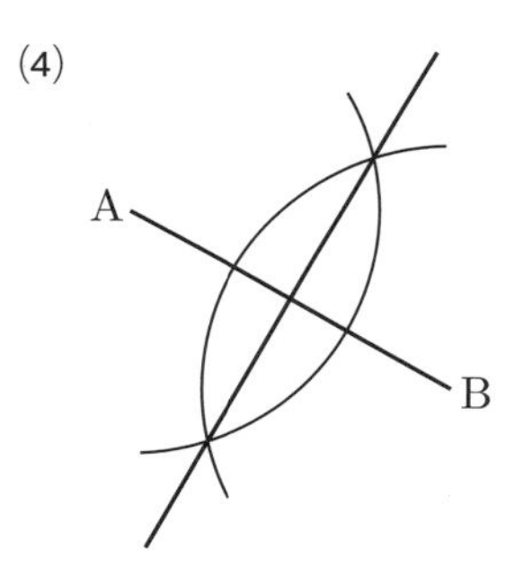

❹ (1)

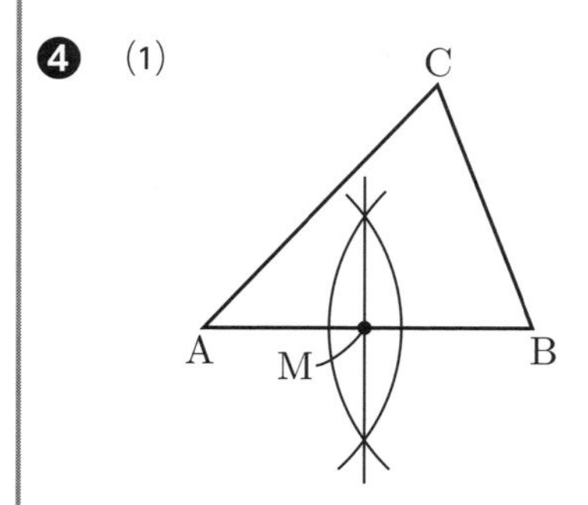

(2)

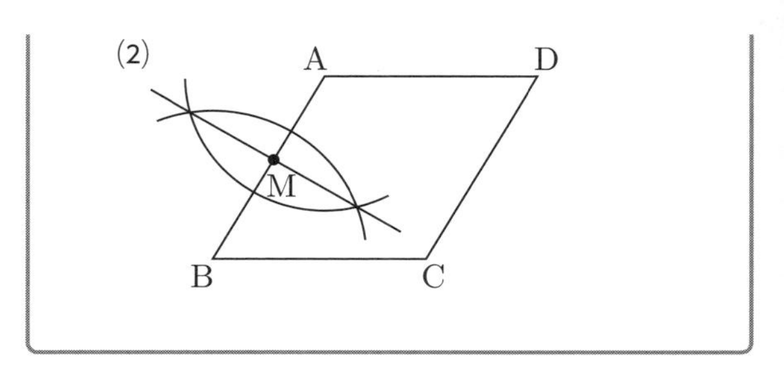

解き方

❶ 次の手順で作図します。

1. 2点A，Bを中心とする，等しい半径の円をかく。
2. 2つの円の交点を通る直線をひく。
   また，線分ABの垂直二等分線上の点は，2点A，Bから等しい距離(きょり)にあります。

❷ 次の手順で作図します。

1. 2点A，Bを中心とする，等しい半径の円をかく。
2. 2つの円の交点を通る直線をひく。
3. 2でひいた直線と線分ABとの交点をMとする。

❸ 次の手順で作図します。

1. 2点A，Bを中心とする，等しい半径の円をかく。
2. 2つの円の交点を通る直線をひく。

❹ 次の手順で作図します。

1. 2点A，Bを中心とする，等しい半径の円をかく。
2. 2つの円の交点を通る直線をひく。
3. 2でひいた直線と辺ABとの交点をMとする。

8 基本の作図❸

本冊 p.18

❶ (1)

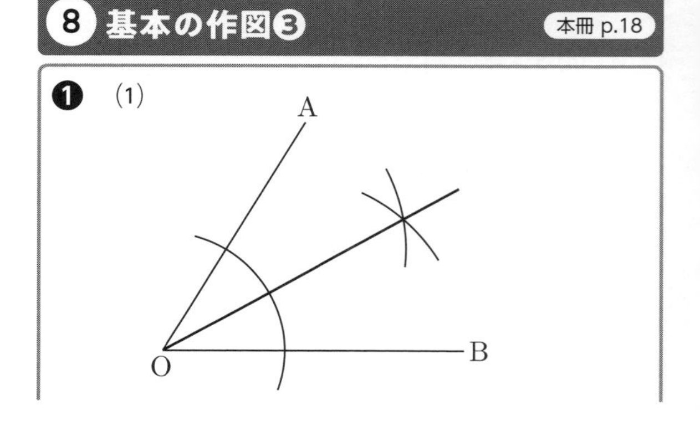

(2)

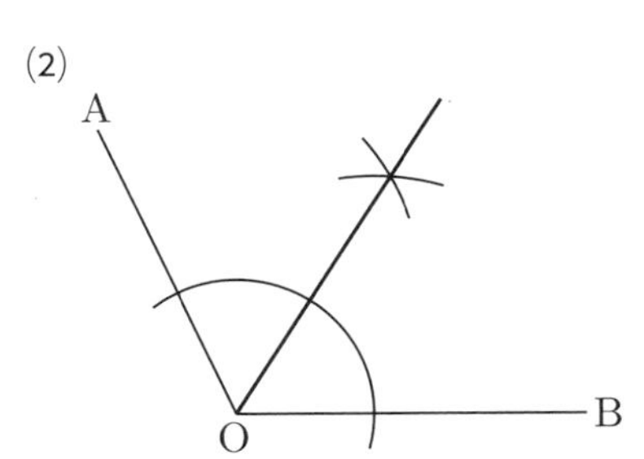

❷ (1)

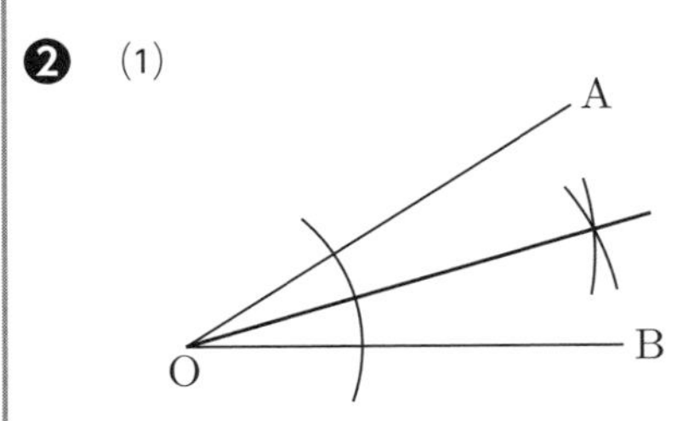

(2)

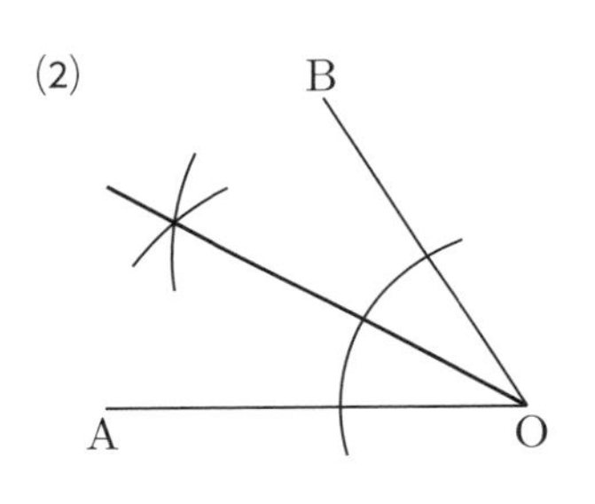

(3)

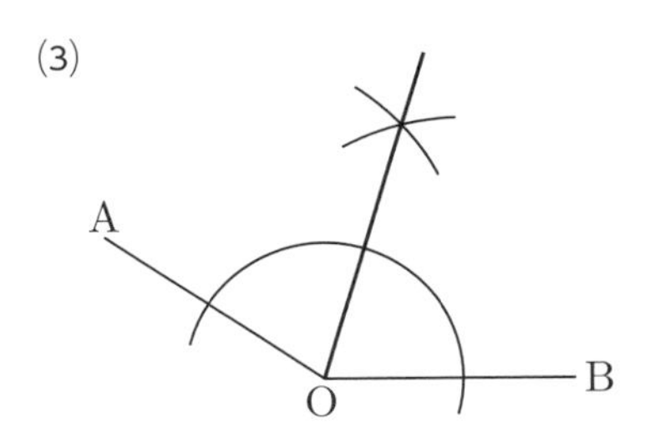

(4)

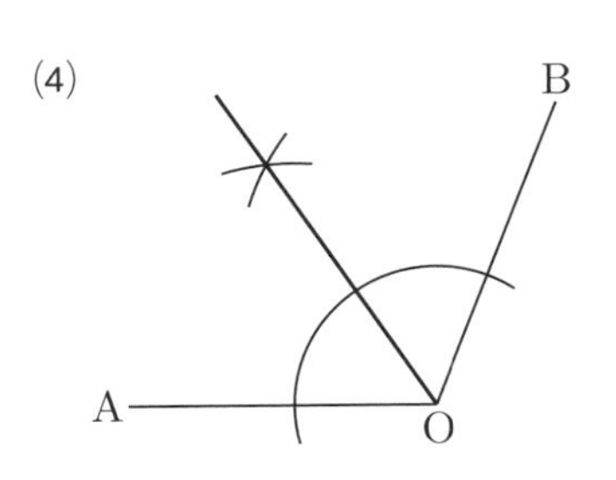

(5)

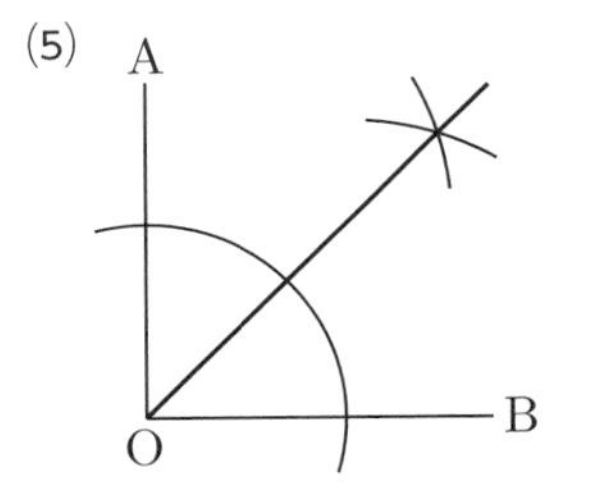

(6)

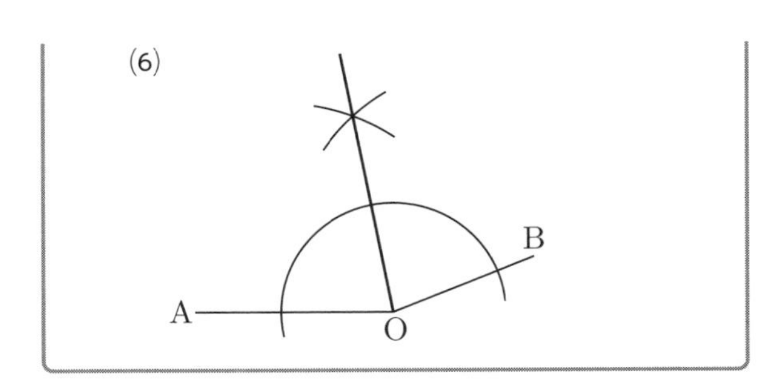

解き方

❶❷ 次の手順で作図します。

1. 点Oを中心とする円をかく。
2. 1でかいた円と，AOとの交点，BOとの交点から等しい半径の円をかく。
3. 2でかいた2つの円の交点と点Oを通る直線をひく。

また，∠AOBの二等分線上の点は，OA，OBから等しい距離(きょり)にあります。

9 基本の作図❹

本冊 p.20

❶

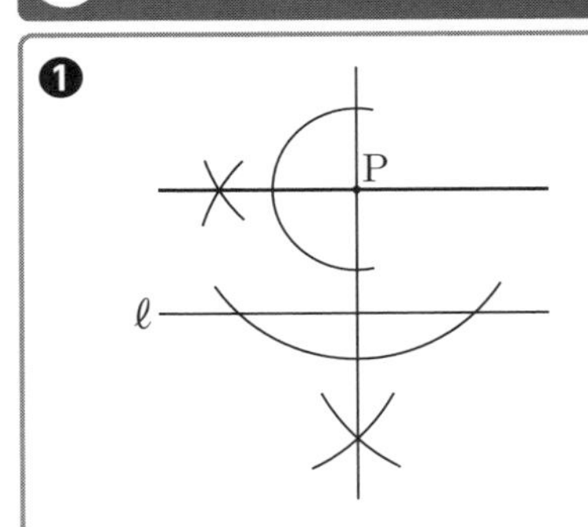

❷

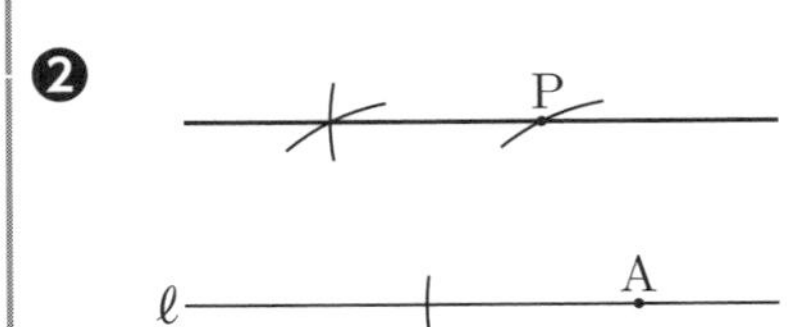

❸ (1)

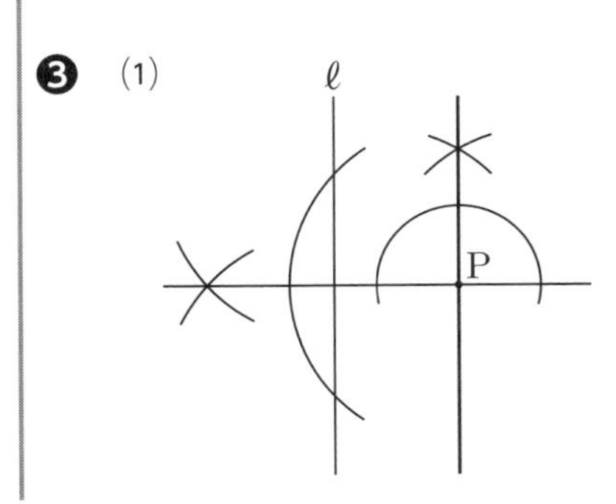

(2)

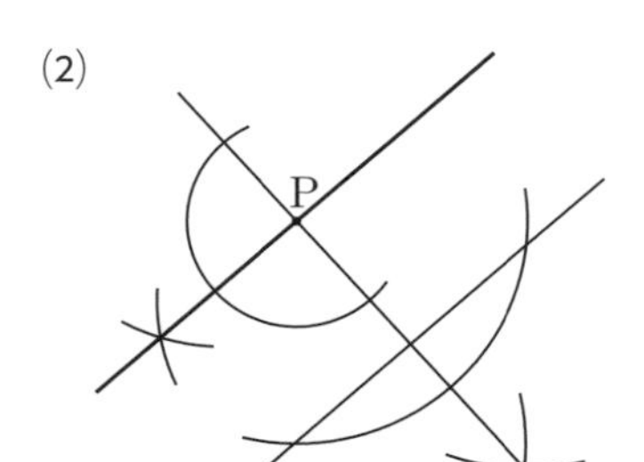

❹ (1)

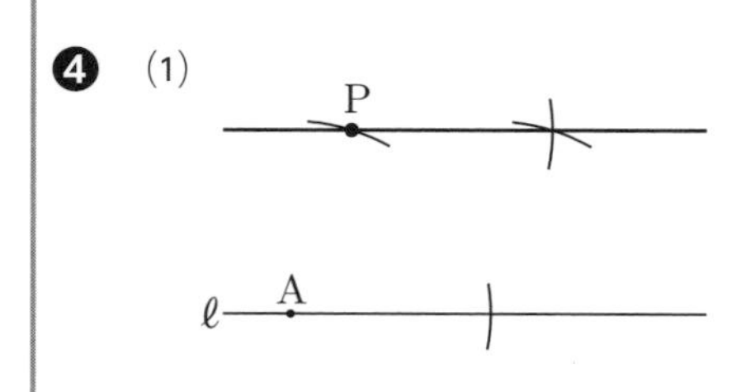

(2)

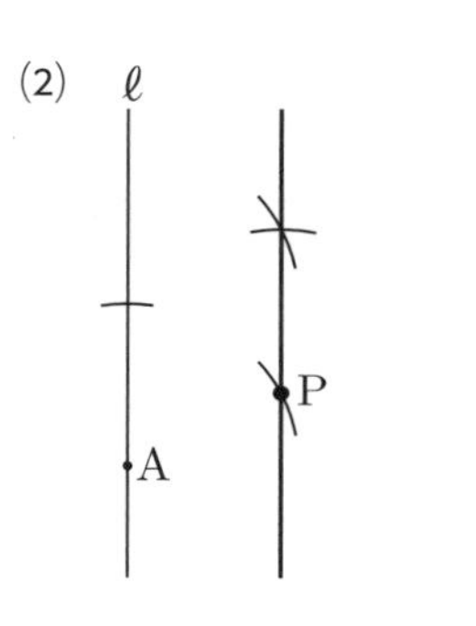

(3)

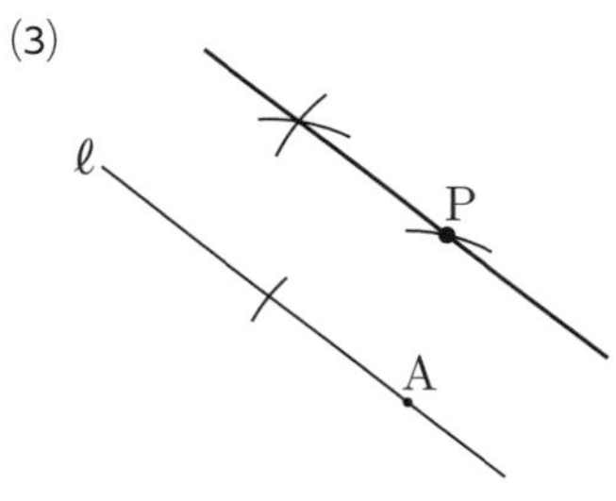

(4)

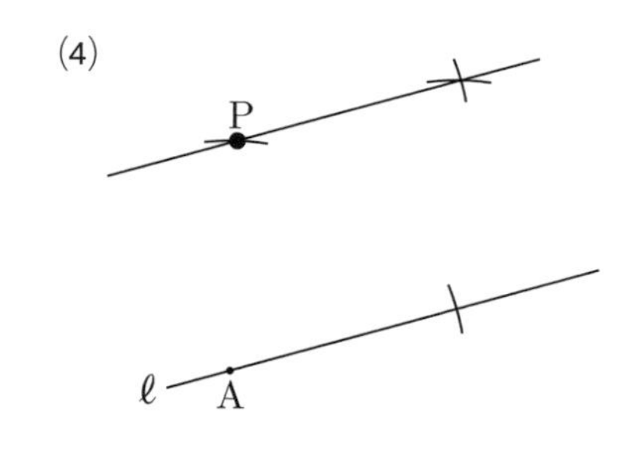

解き方

❶ 次の手順で作図します。

1. 点Pを通り直線ℓに垂直な直線をひく。
2. 点Pを通り，1でかいた直線に垂直な直線をひく。

❷ 次の手順で作図します。

1. 直線ℓ上に点Aをとる。
2. コンパスでAPの長さをとり，1辺の長さがAPであるひし形の頂点の位置を求める。
3. ひし形の点Aに向かいあう点と，点Pを通る直線をひく。

❸ 次の手順で作図します。

1. 点Pを通り直線ℓに垂直な直線をひく。
2. 点Pを通り，1でかいた直線に垂直な直線をひく。

❹ 次の手順で作図します。

1. 直線ℓ上に点Aをとる。
2. コンパスでAPの長さをとり，1辺の長さがAPであるひし形の頂点の位置を求める。
3. ひし形の点Aに向かいあう点と，点Pを通る直線をひく。

⑩ 基本の作図の利用❶

本冊 p.22

❶

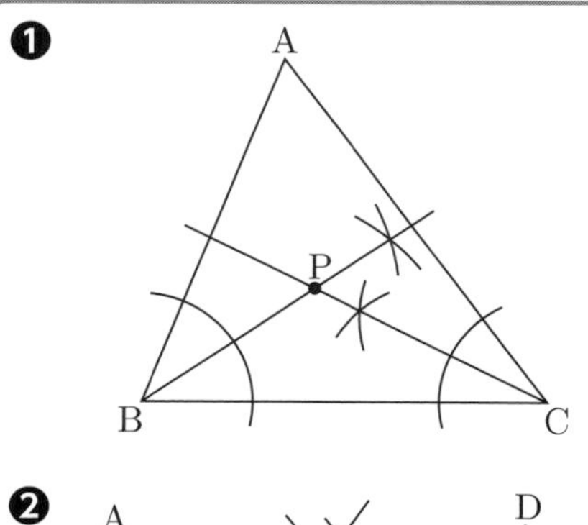

❷

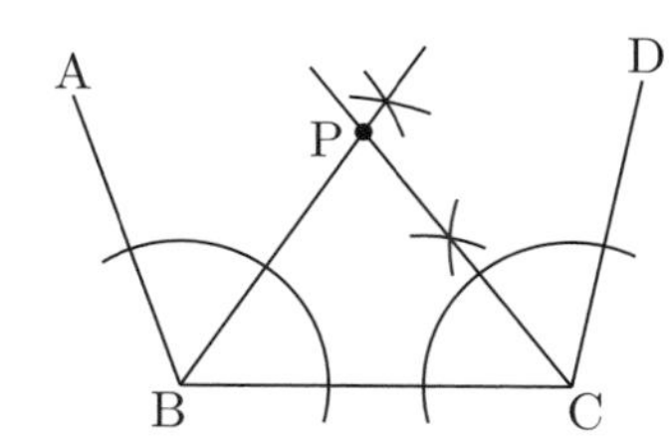

❸ (1)

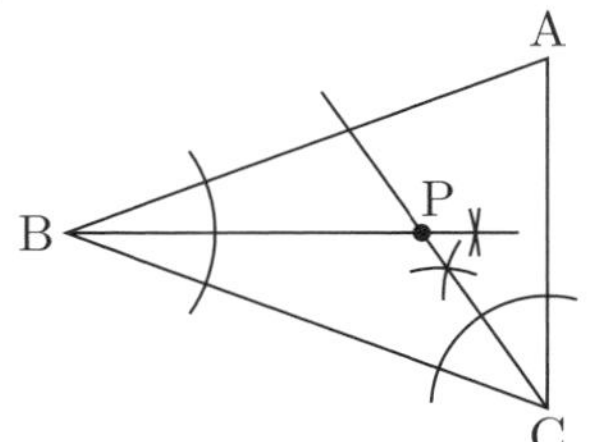

(2)

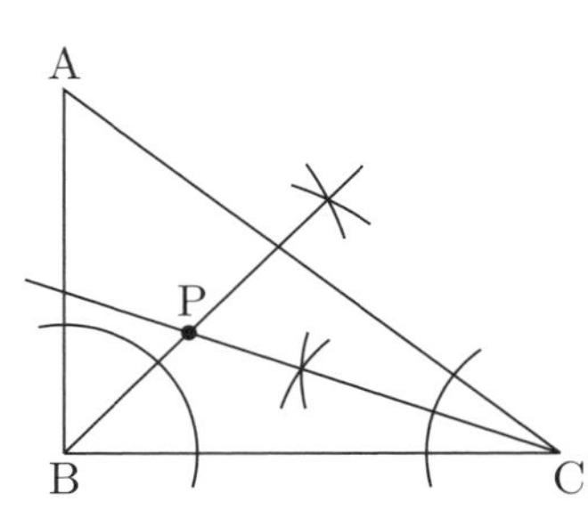

(3)

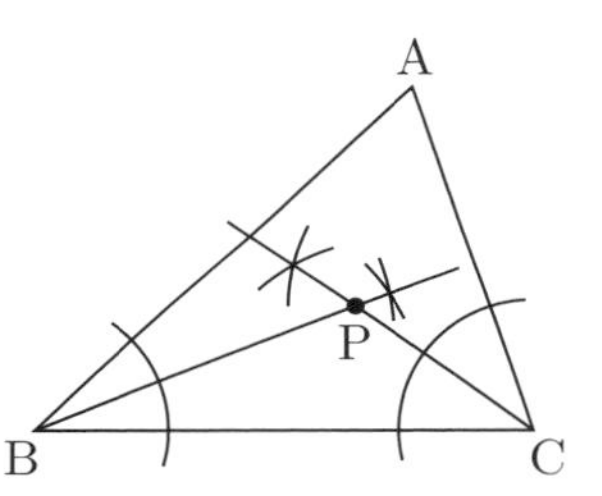

(4)

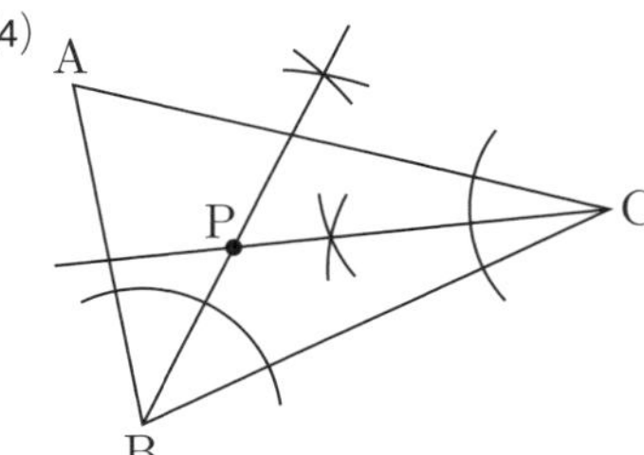

❹ (1)

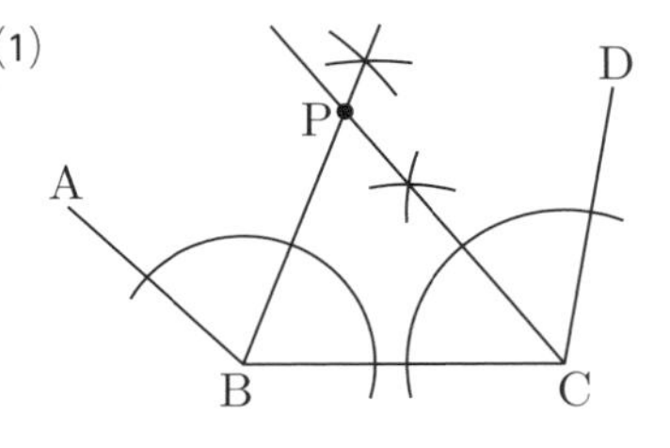

(2)

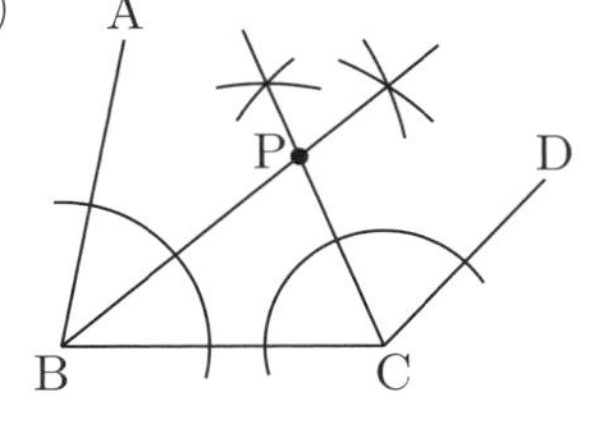

解き方

❶ 次の手順で作図します。

1. ∠ABCの二等分線をかく。
2. ∠BCAの二等分線をかく。
3. 1と2の二等分線の交点を点Pとする。
   ∠ABCの二等分線上の点は2辺AB，BCから等しい距離（きょり）にあり，∠BCAの二等分線上の点は2辺BC，CAから等しい距離にあります。よって，点Pは3辺から等しい距離にあります。

❷ 次の手順で作図します。

1. ∠ABCの二等分線をかく。
2. ∠BCDの二等分線をかく。
3. 1と2の二等分線の交点を点Pとする。

❸ 次の手順で作図します。

1. ∠ABCの二等分線をかく。
2. ∠BCAの二等分線をかく。
3. 1と2の二等分線の交点を点Pとする。

❹ 次の手順で作図します。

1. ∠ABCの二等分線をかく。
2. ∠BCDの二等分線をかく。
3. 1と2の二等分線の交点を点Pとする。

11 基本の作図の利用❷

本冊 p.24

❶ (1)

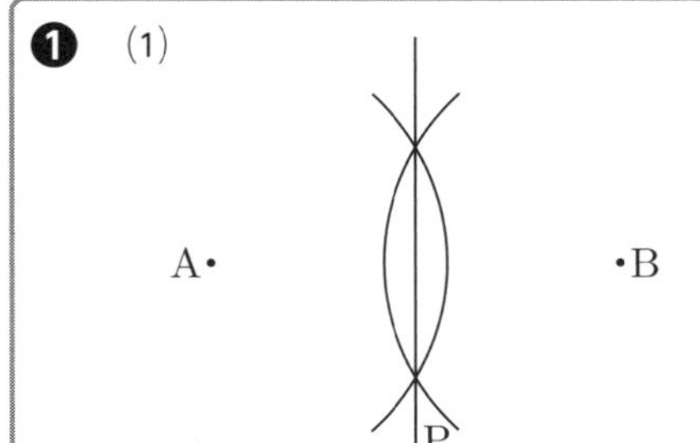

(2)

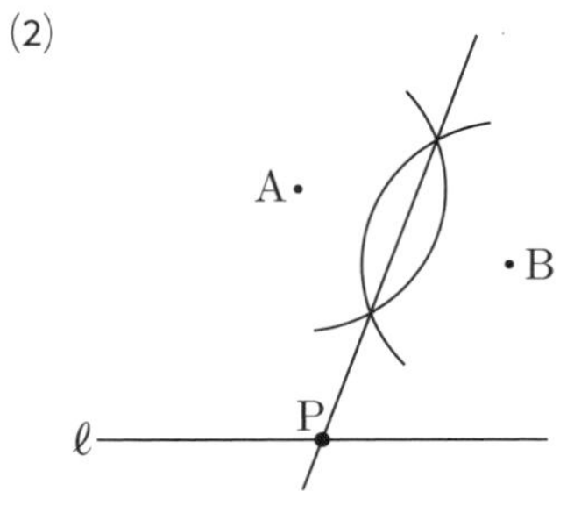

❷ (1)

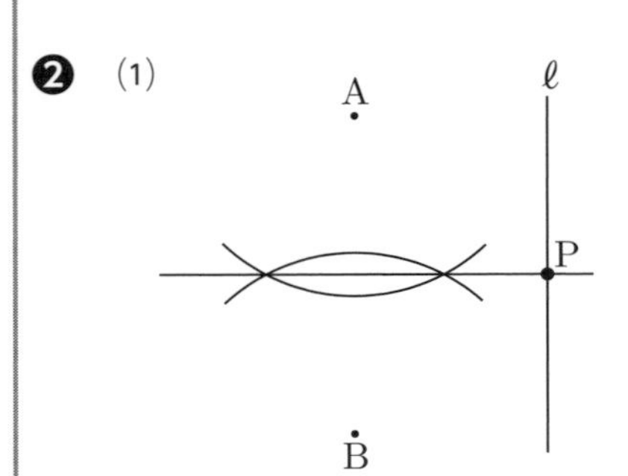

(2)

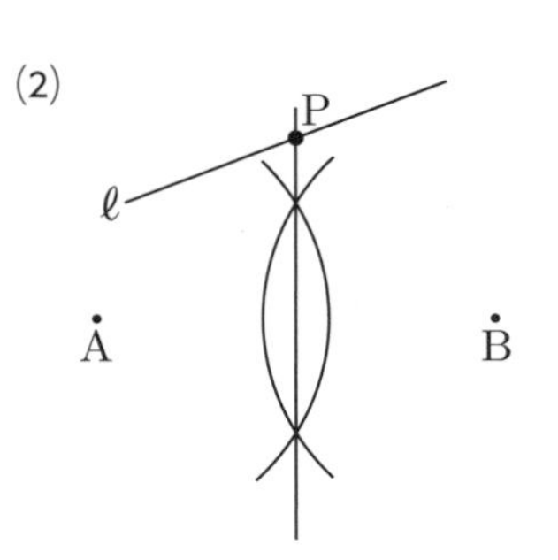

(3)

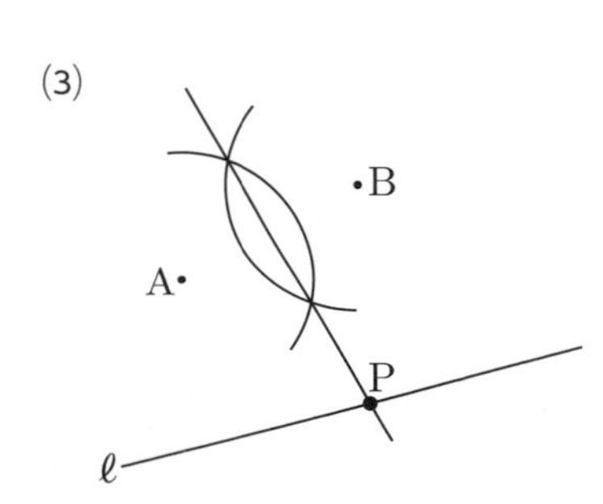

(4)

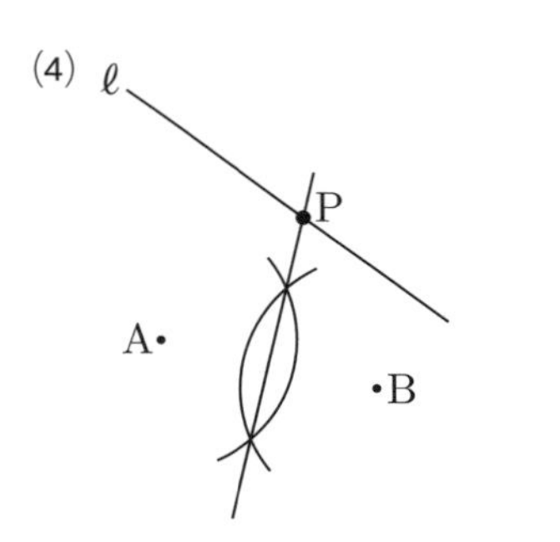

(5)

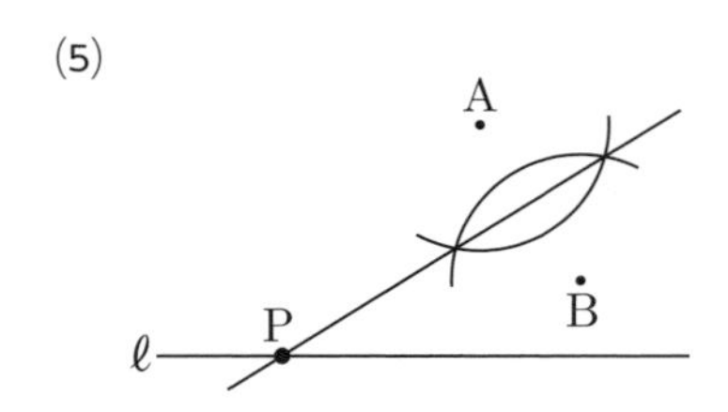

(6)

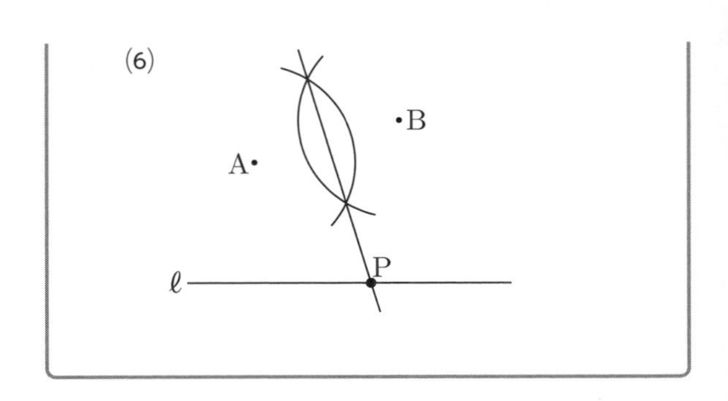

解き方

❶❷ 次の手順で作図します。

1. 線分ABの垂直二等分線をかく。
2. 直線ℓと1でかいた垂直二等分線の交点を点Pとする。

12 基本の作図の利用❸

本冊 p.26

❶ (1)

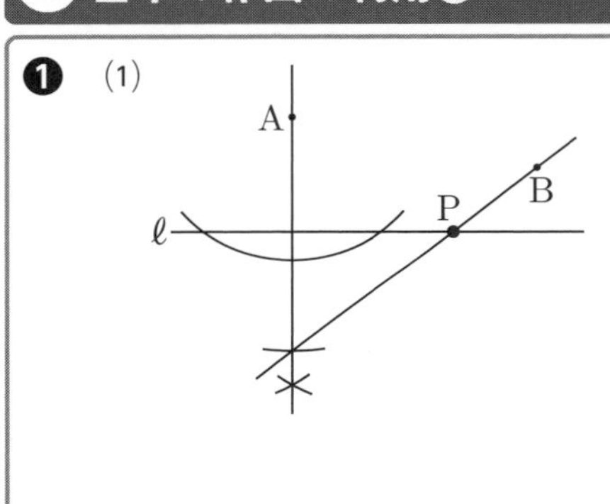

(2)

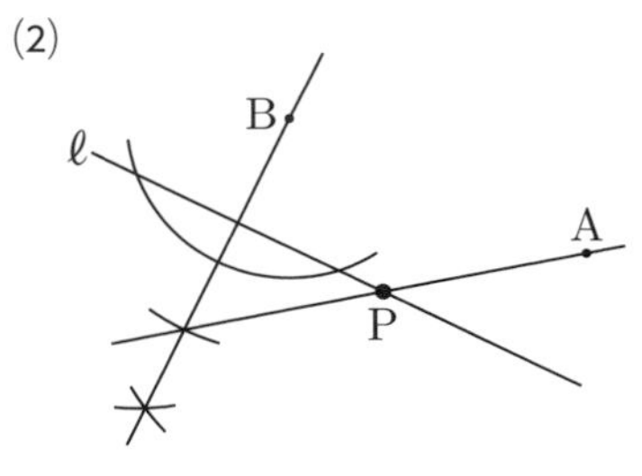

❷ (1)

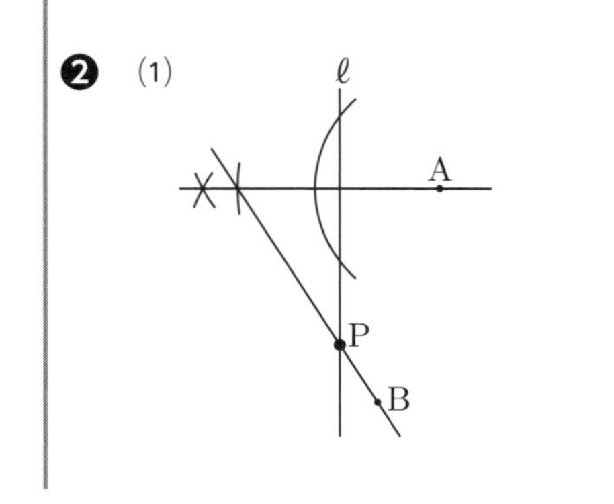

(2)

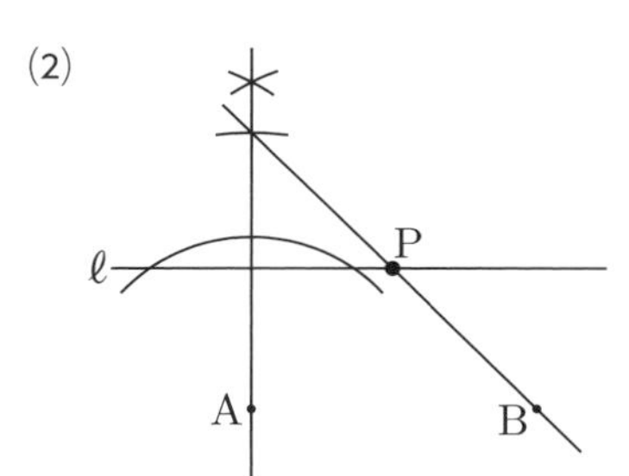

(3)

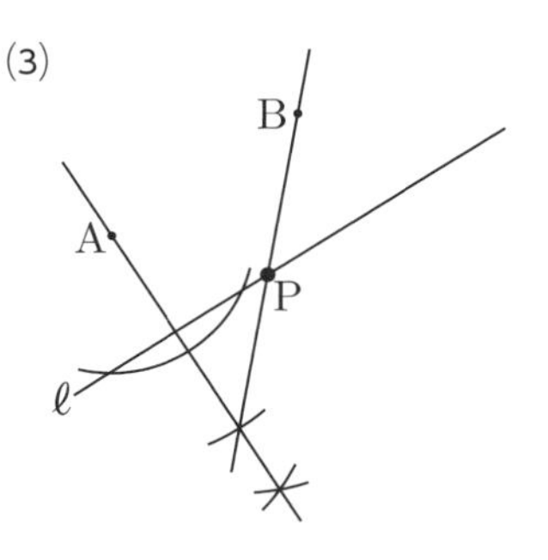

(4)

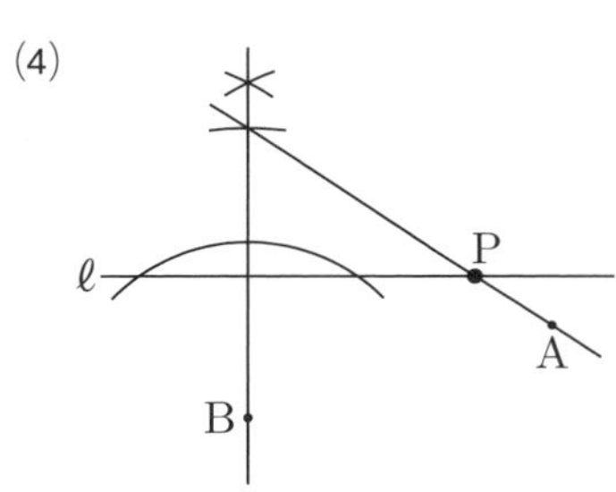

(5)

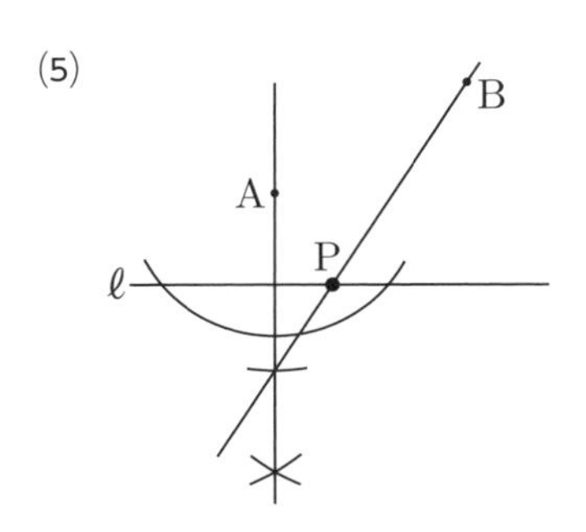

(6)

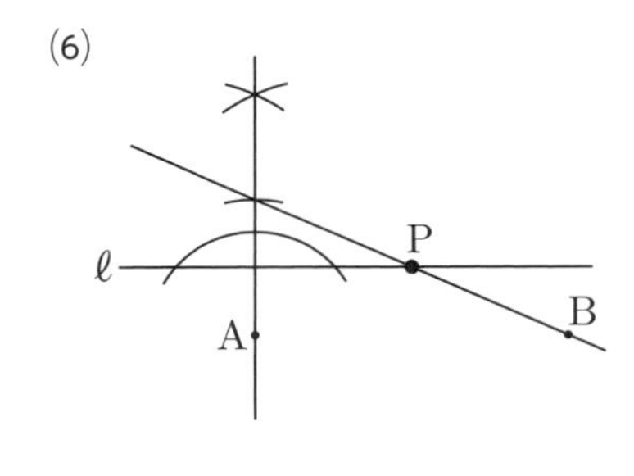

解き方

❶❷ 次の手順で作図します。

1. 点Aから直線ℓに垂直な直線をひく。
2. 直線ℓと1でかいた直線の交点と，点Aとの距離(きょり)をコンパスでとり，直線ℓを対称(たいしょう)の軸(じく)として点Aに線対称な点の位置を求める。
3. 点Bと2で求めた点を通る直線をひき，直線ℓとの交点を点Pとする。

上記の手順の，点Aと点Bを逆にしても，点Pの位置は同じになります。

⑬ 基本の作図の利用❹

本冊 p.28

❶

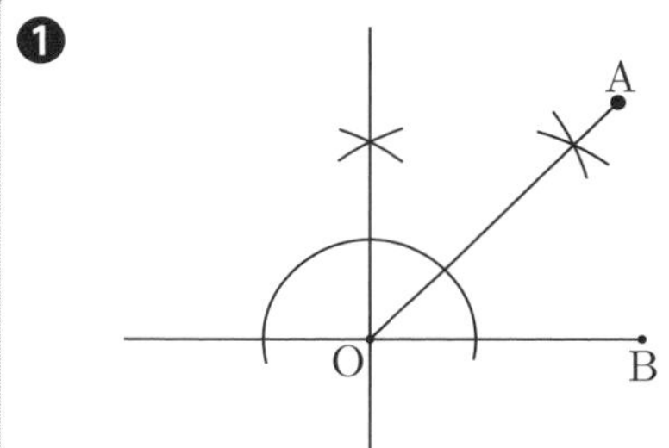

❷

A
O
B

❸ (1)

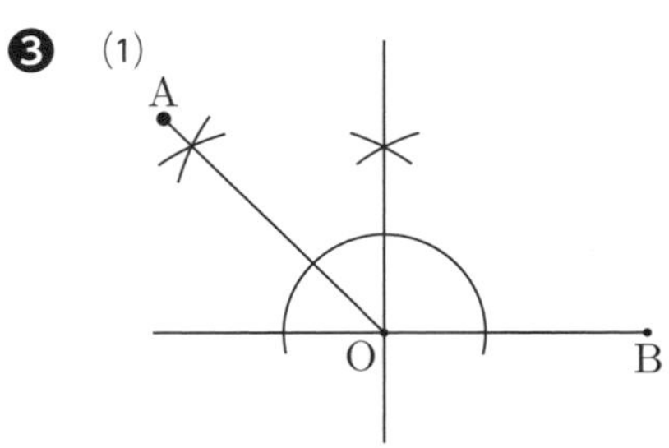

(2)

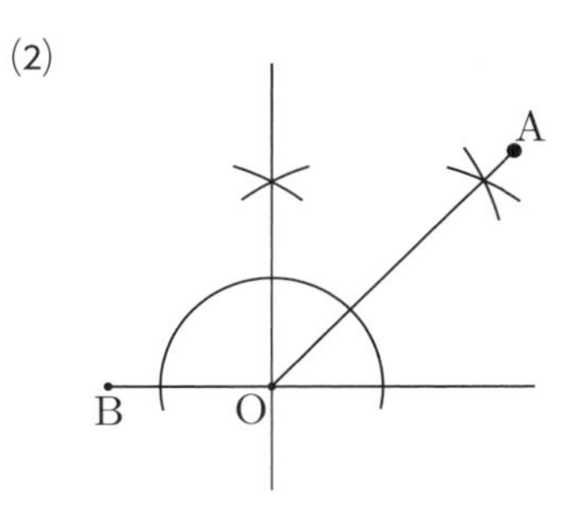

❹ (1)

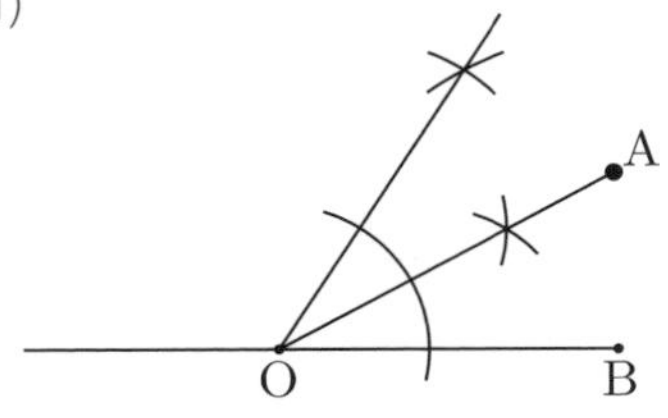

(2)

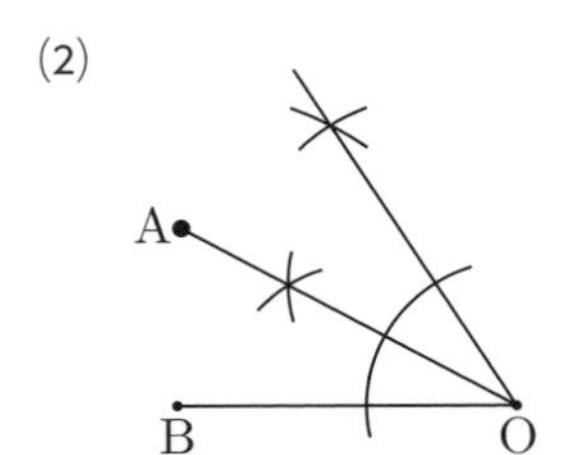

❺ (1)

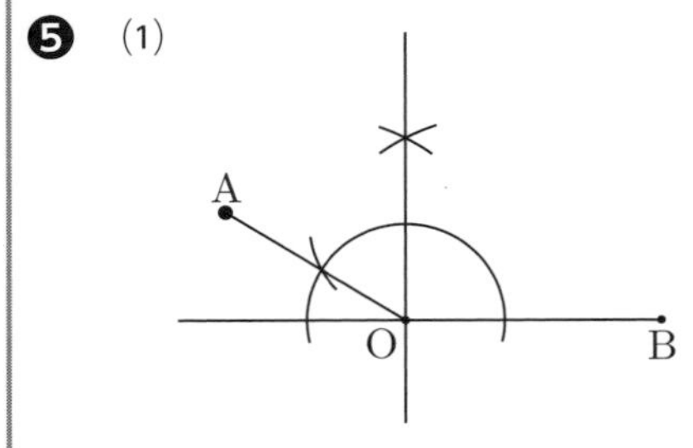

(2)

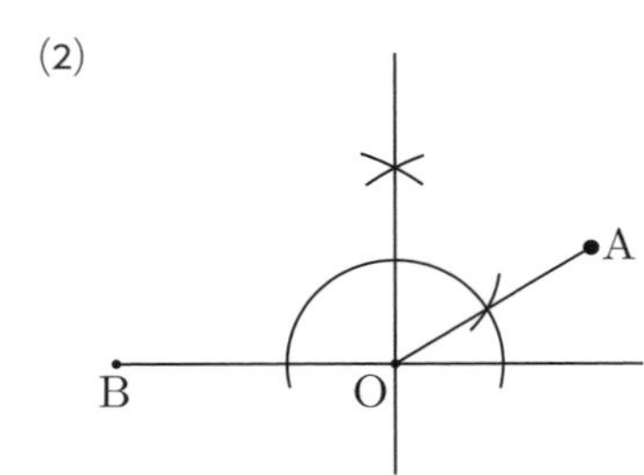

解き方

❶　はじめに，点Oを通り，直線OBに垂直な直線をひくことで90°をつくります。次に90°の二等分線によって45°をつくります。

❷　コンパスでOBの長さをとり，1辺の長さがOBである正三角形の頂点の位置を求めます。

❸　直線OBに垂直な直線の90°と，90°の二等分線による45°を合わせて135°をつくります。

❹　正三角形による60°をつくり，その二等分線によって30°をつくります。

❺　直線OBに垂直な直線の90°と，正三角形による60°を合わせて150°をつくります。

14 円の性質

本冊 p.30

❶ (1)

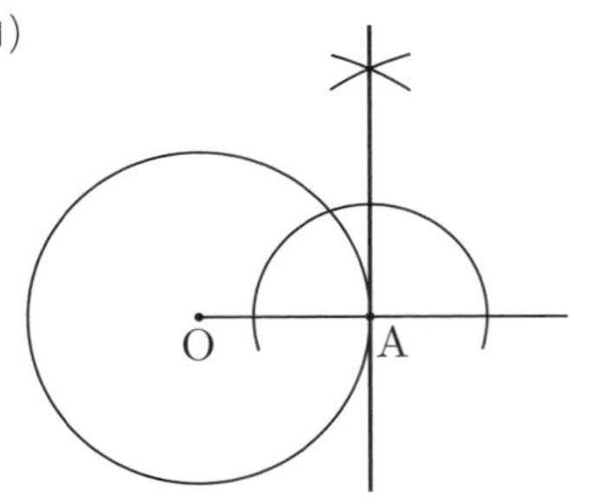

(2)

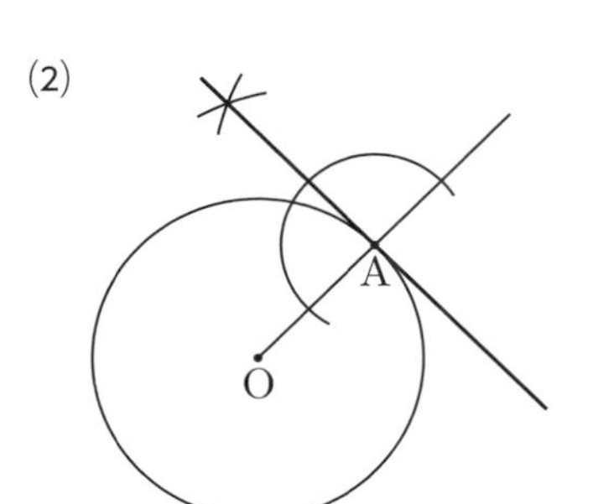

❷ (1)

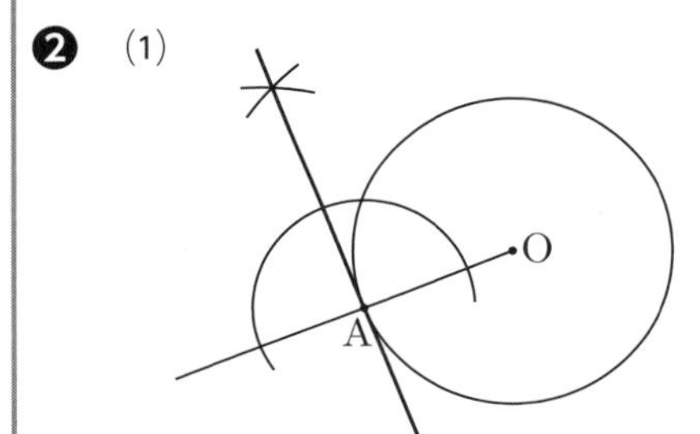

(2)

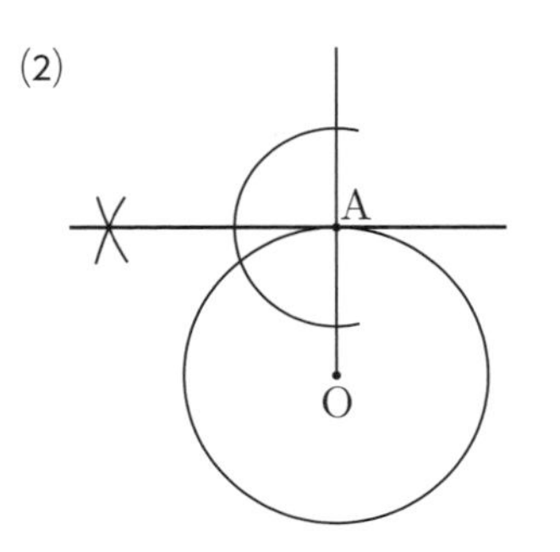

(3)

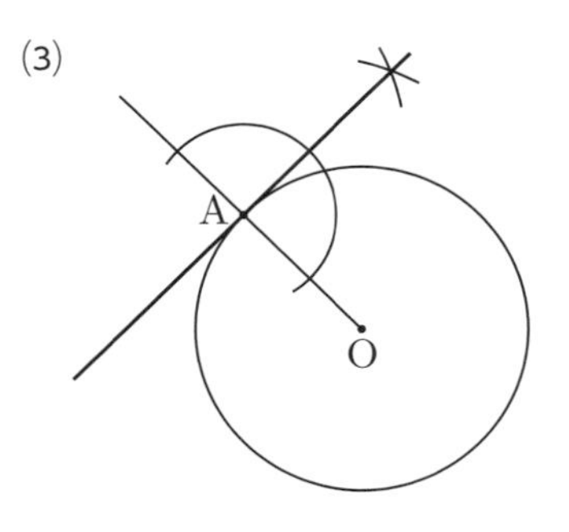

(4)

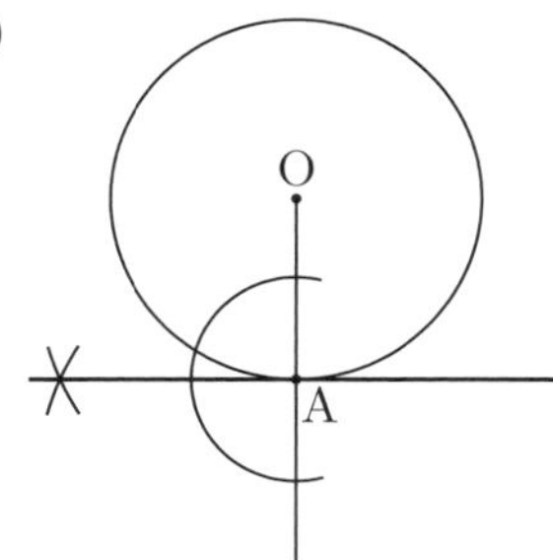

(5)

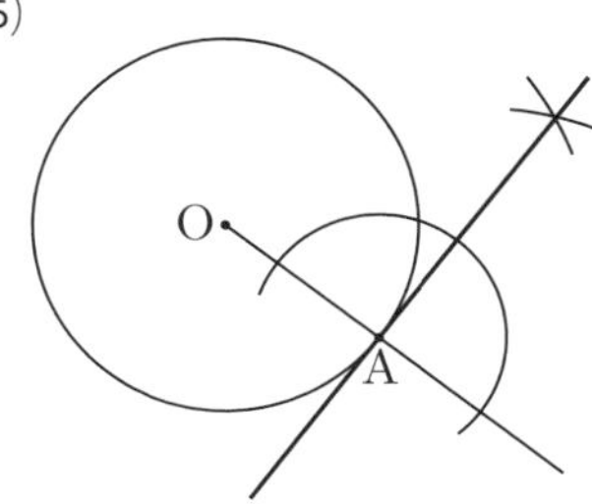

(6)

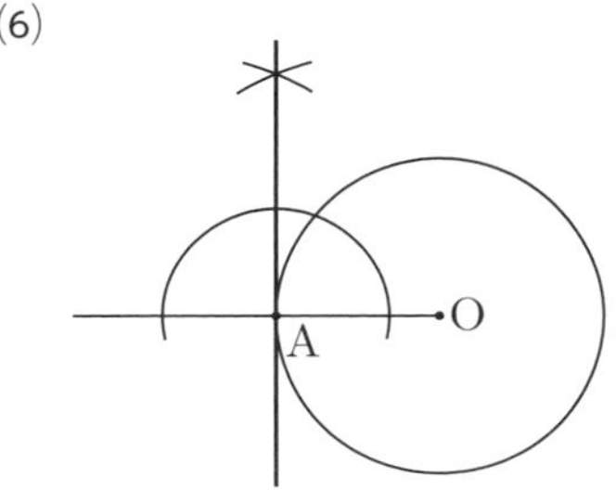

解き方

❶❷ 次の手順で作図します。

1. 2点O，Aを通る直線をひく。
2. 点Aを通り，直線OAに垂直な直線をひく。

15 円の周の長さ

本冊 p.32

❶ (1)8π cm　(2)12π cm

❷ (1)10π cm　(2)6π cm　(3)4 cm
(4)9 cm

❸ (1)11π cm　(2)14π cm

❹ (1)9π cm　(2)24π cm　(3)30π cm
(4)15 cm　(5)11 cm

解き方

❶ (1)　$8\times\pi=8\pi$(cm)

(2)　$6\times2\times\pi=12\pi$(cm)

❷ (1)　$10\times\pi=10\pi$(cm)

(2)　$3\times2\times\pi=6\pi$(cm)

(3)　円の直径をx cmとすると，

$x\times\pi=4\pi$

$x=4$(cm)

(4)　円の半径をx cmとすると，

$x\times2\times\pi=18\pi$

$x=9$(cm)

❸ (1)　$11\times\pi=11\pi$(cm)

(2)　$7\times2\times\pi=14\pi$(cm)

❹ (1)　$9\times\pi=9\pi$(cm)

(2)　$12\times2\times\pi=24\pi$(cm)

(3)　$15\times2\times\pi=30\pi$(cm)

(4)　円の直径をx cmとすると，

$x\times\pi=15\pi$

$x=15$(cm)

(5)　円の半径をx cmとすると，

$x\times2\times\pi=22\pi$

$x=11$(cm)

16 円の面積

本冊 p.34

❶ (1)25π cm^2　(2)9π cm^2

❷ (1)100π cm^2　(2)36π cm^2　(3)4π cm^2
(4)16π cm^2

❸ (1)81π cm^2　(2)49π cm^2

❹ (1)121π cm^2　(2)π cm^2　(3)64π cm^2
(4)144π cm^2　(5)400π cm^2

解き方

❶ (1)　$5\times5\times\pi=25\pi$(cm^2)

(2)　$\frac{6}{2}=3$(cm)

$3\times3\times\pi=9\pi$(cm^2)

❷ (1)　$10\times10\times\pi=100\pi$(cm^2)

(2)　$6\times6\times\pi=36\pi$(cm^2)

(3) $\frac{4}{2}=2$(cm)

$2\times2\times\pi=4\pi$(cm^2)

(4) $\frac{8}{2}=4$(cm)

$4\times4\times\pi=16\pi$(cm^2)

❸ (1) $9\times9\times\pi=81\pi$(cm^2)

(2) $\frac{14}{2}=7$(cm)

$7\times7\times\pi=49\pi$(cm^2)

❹ (1) $11\times11\times\pi=121\pi$(cm^2)

(2) $1\times1\times\pi=\pi$(cm^2)

(3) $\frac{16}{2}=8$(cm)

$8\times8\times\pi=64\pi$(cm^2)

(4) $\frac{24}{2}=12$(cm)

$12\times12\times\pi=144\pi$(cm^2)

(5) $\frac{40}{2}=20$(cm)

$20\times20\times\pi=400\pi$(cm^2)

17 おうぎ形の弧の長さ

本冊 p.36

❶ (1)**2πcm** (2)**4πcm**

❷ (1)**4πcm** (2)**6πcm** (3)**3πcm** (4)**πcm**

❸ (1)**4πcm** (2)**10πcm**

❹ (1)**3πcm** (2)**2πcm** (3)**8πcm** (4)**4πcm** (5)**20πcm**

解き方

❶ (1) $2\pi\times8\times\frac{45}{360}=2\pi$(cm)

(2) $2\pi\times12\times\frac{60}{360}=4\pi$(cm)

❷ (1) $2\pi\times10\times\frac{72}{360}=4\pi$(cm)

(2) $2\pi\times9\times\frac{120}{360}=6\pi$(cm)

(3) $2\pi\times18\times\frac{30}{360}=3\pi$(cm)

(4) $2\pi\times5\times\frac{36}{360}=\pi$(cm)

❸ (1) $2\pi\times24\times\frac{30}{360}=4\pi$(cm)

(2) $2\pi\times15\times\frac{120}{360}=10\pi$(cm)

❹ (1) $2\pi\times12\times\frac{45}{360}=3\pi$(cm)

(2) $2\pi\times24\times\frac{15}{360}=2\pi$(cm)

(3) $2\pi\times6\times\frac{240}{360}=8\pi$(cm)

(4) $2\pi\times9\times\frac{80}{360}=4\pi$(cm)

(5) $2\pi\times24\times\frac{150}{360}=20\pi$(cm)

18 おうぎ形の面積

本冊 p.38

❶ (1)**6πcm^2** (2)**2πcm^2**

❷ (1)**3πcm^2** (2)**3πcm^2** (3)**5πcm^2** (4)**48πcm^2**

❸ (1)**27πcm^2** (2)**15πcm^2**

❹ (1)**10πcm^2** (2)**24πcm^2** (3)**6πcm^2** (4)**54πcm^2** (5)**8πcm^2**

解き方

❶ (1) $\pi\times6^2\times\frac{60}{360}=6\pi$(cm^2)

(2) $\pi\times4^2\times\frac{45}{360}=2\pi$(cm^2)

❷ (1) $\pi\times6^2\times\frac{30}{360}=3\pi$(cm^2)

(2) $\pi\times3^2\times\frac{120}{360}=3\pi$(cm^2)

(3) $\pi\times5^2\times\frac{72}{360}=5\pi$(cm^2)

(4) $\pi\times8^2\times\frac{270}{360}=48\pi$(cm^2)

❸ (1) $\pi\times9^2\times\frac{120}{360}=27\pi$(cm^2)

(2) $\pi\times6^2\times\frac{150}{360}=15\pi$(cm^2)

❹ (1) $\pi\times10^2\times\frac{36}{360}=10\pi$(cm^2)

(2) $\pi\times12^2\times\frac{60}{360}=24\pi$(cm^2)

(3) $\pi\times4^2\times\frac{135}{360}=6\pi$(cm^2)

(4) $\pi\times9^2\times\frac{240}{360}=54\pi$(cm^2)

(5) $\pi\times6^2\times\frac{80}{360}=8\pi$(cm^2)

19 いろいろな図形の周の長さと面積❶ 本冊 p.40

❶ $4\pi+24$(cm)

❷ (1)周…$2\pi+24$(cm),
面積…$8\pi+32$(cm^2)

(2)周…$3\pi+6$(cm), 面積…$\frac{9}{2}\pi$(cm^2)

❸ $2\pi+18$(cm)

❹ (1)周…$\pi+24$(cm), 面積…$3\pi+24$(cm^2)

(2)周…$10\pi+6$(cm), 面積…15π(cm^2)

(3)周…$\frac{14}{3}\pi+12$(cm), 面積…12π(cm^2)

解き方

❶ $2\pi\times12\times\frac{60}{360}+12\times2=4\pi+24$(cm)

❷ (1) 周の長さは,

$2\pi\times8\times\frac{45}{360}+8\times2+4\times2=2\pi+24$(cm)

面積は,

$\pi\times8^2\times\frac{45}{360}+4\times8=8\pi+32$(cm^2)

(2) 周の長さは,

$2\pi\times6\times\frac{60}{360}+2\pi\times3\times\frac{60}{360}+3\times2$

$=3\pi+6$(cm)

面積は,

$\pi\times6^2\times\frac{60}{360}-\pi\times3^2\times\frac{60}{360}=\frac{9}{2}\pi$(cm^2)

❸ $2\pi\times9\times\frac{40}{360}+9\times2=2\pi+18$(cm)

❹ (1) 周の長さは,

$2\pi\times6\times\frac{30}{360}+6+10+8=\pi+24$(cm)

面積は,

$\pi\times6^2\times\frac{30}{360}+\frac{1}{2}\times8\times6=3\pi+24$(cm^2)

(2) 周の長さは,

$2\pi\times9\times\frac{120}{360}+2\pi\times6\times\frac{120}{360}+3\times2$

$=10\pi+6$(cm)

面積は,

$\pi\times9^2\times\frac{120}{360}-\pi\times6^2\times\frac{120}{360}=15\pi$(cm^2)

(3) 周の長さは,

$2\pi\times6\times\frac{100}{360}+2\pi\times3\times\frac{80}{360}+3\times2+6$

$=\frac{14}{3}\pi+12$(cm)

面積は,

$\pi\times6^2\times\frac{100}{360}+\pi\times3^2\times\frac{80}{360}=12\pi$(cm^2)

20 いろいろな図形の周の長さと面積❷ 本冊 p.42

❶ $2\pi+6$(cm)

❷ (1)周…$4\pi+16$(cm),
面積…$64-16\pi$(cm^2)

(2)周…$6\pi+24$(cm),
面積…$72-18\pi$(cm^2)

❸ (1)$8-2\pi$(cm^2) (2)$9\pi-18$(cm^2)

❹ (1)周…$8\pi+16$(cm),
面積…$144-40\pi$(cm^2)

(2)周…4π(cm), 面積…$8\pi-16$(cm^2)

解き方

❶ $2\pi\times6\times\frac{60}{360}+6=2\pi+6$(cm)

❷ (1) 周の長さは,

$2\pi\times8\times\frac{90}{360}+8\times2=4\pi+16$(cm)

面積は,

$8^2-\pi\times8^2\times\frac{90}{360}=64-16\pi$(cm^2)

(2) 周の長さは,

$2\pi\times6\times\frac{90}{360}\times2+6\times4=6\pi+24$(cm)

面積は,

$\left(6^2-\pi\times6^2\times\frac{90}{360}\right)\times2=72-18\pi$(cm^2)

❸ (1) $\frac{1}{2}\times4^2-\pi\times4^2\times\frac{45}{360}=8-2\pi$(cm^2)

(2) $\pi\times6^2\times\frac{90}{360}-\frac{1}{2}\times6^2=9\pi-18$(cm^2)

❹ (1) 周の長さは,

$2\pi\times12\times\frac{90}{360}+2\pi\times4\times\frac{90}{360}+8\times2$

$=8\pi+16$(cm)

面積は，

$$12^2 - \pi \times 12^2 \times \frac{90}{360} - \pi \times 4^2 \times \frac{90}{360}$$

$$= 144 - 40\pi (\text{cm}^2)$$

(2)　周の長さは，

$$2\pi \times 4 \times \frac{90}{360} \times 2 = 4\pi (\text{cm})$$

面積は，

$$\left(\pi \times 4^2 \times \frac{90}{360} - \frac{1}{2} \times 4^2\right) \times 2 = 8\pi - 16 (\text{cm}^2)$$

21 おうぎ形の中心角　本冊 p.44

❶　(1) **60°**　(2) **45°**

❷　(1) **90°**　(2) **120°**　(3) **80°**　(4) **72°**

❸　(1) **40°**　(2) **150°**

❹　(1) **135°**　(2) **30°**　(3) **144°**　(4) **240°**
(5) **60°**

解き方

❶　(1)　360°に，円周に対する弧の長さの割合をかけます。

$$360° \times \frac{4\pi}{2\pi \times 12} = 60°$$

(2)　360°に，円の面積に対するおうぎ形の面積の割合をかけます。

$$360° \times \frac{2\pi}{\pi \times 4^2} = 45°$$

❷　(1)　$360° \times \frac{4\pi}{2\pi \times 8} = 90°$

(2)　$360° \times \frac{6\pi}{2\pi \times 9} = 120°$

(3)　$360° \times \frac{2\pi}{\pi \times 3^2} = 80°$

(4)　$360° \times \frac{20\pi}{\pi \times 10^2} = 72°$

❸　(1)　$360° \times \frac{2\pi}{2\pi \times 9} = 40°$

(2)　$360° \times \frac{15\pi}{\pi \times 6^2} = 150°$

❹　(1)　$360° \times \frac{6\pi}{2\pi \times 8} = 135°$

(2)　$360° \times \frac{4\pi}{2\pi \times 24} = 30°$

(3)　$360° \times \frac{4\pi}{2\pi \times 5} = 144°$

(4)　$360° \times \frac{54\pi}{\pi \times 9^2} = 240°$

(5)　$360° \times \frac{24\pi}{\pi \times 12^2} = 60°$

22 まとめのテスト❶　本冊 p.46

❶　**AB//ED，BC//FE，CD//AF**

❷　(1) **△FCD**　(2) **△CDF，△DEF**
(3) **△AFC，△FDC**

❸

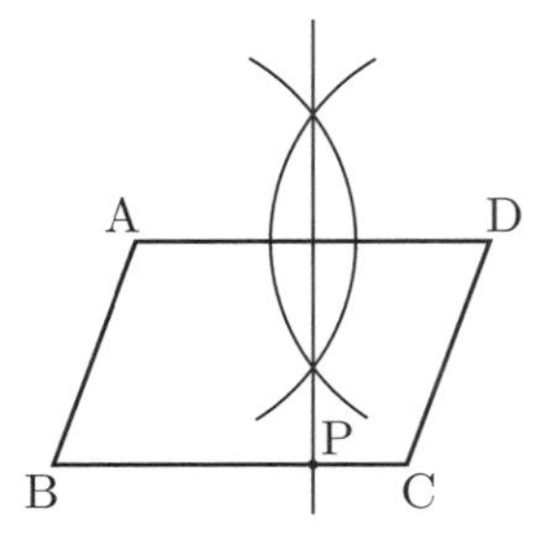

❹

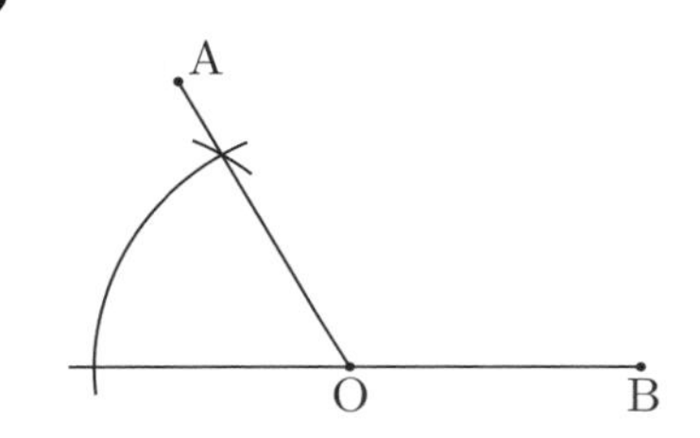

❺　(1) **9πcm**　(2) **16πcm**　(3) **7πcm**

❻　(1) **40πcm²**　(2) **3πcm²**

解き方

❶　正六角形の向かいあう辺どうしは平行です。

❷　(1)　平行移動のみで重なるのは△FCDです。

(2)　点Fを中心とした回転移動のみで重なるのは△CDF，△DEFです。

(3)　ACを対称(たいしょう)の軸(じく)とすると△AFCに重なり，AFの中点と点Cを通る直線を対称の軸とすると△FDCに重なります。

❸　次の手順で作図します。

1.　辺ADの垂直二等分線をかく。
2.　辺BCと1でかいた垂直二等分線の交点を点Pとする。

❹　120°=180°−60°と考え，正三角形による60°を180°からひいて120°をつくります。

❺　(1)　$2\pi \times 12 \times \frac{135}{360} = 9\pi (\text{cm})$

(2) $2\pi\times18\times\frac{160}{360}=16\pi$(cm)

(3) $2\pi\times6\times\frac{210}{360}=7\pi$(cm)

❻ (1) $\pi\times8^2\times\frac{225}{360}=40\pi(\mathrm{cm}^2)$

(2) 中心角を求めると,

$360^\circ\times\frac{\pi}{2\pi\times6}=30^\circ$

$\pi\times6^2\times\frac{30}{360}=3\pi(\mathrm{cm}^2)$

23 多面体

本冊 p.48

❶ (1)**四角形** (2)**三角形** (3)**12** (4)**4**

❷ (1)**五面体** (2)**六面体**

❸ (1)**四角形** (2)**四角形** (3)**8** (4)**9**
(5)**5** (6)**6**

❹ (1)**四面体** (2)**五面体**

解き方

❶ (1) 四角柱の底面は四角形です。

(2) 三角錐(すい)の側面は三角形です。

(3) 四角柱の辺の数は12です。

(4) 三角錐の頂点の数は4です。

❷ (1) 展開図を組み立てると五面体になります。

(2) 展開図を組み立てると六面体になります。

❸ (1) 四角錐の底面は四角形です。

(2) 三角柱の側面は四角形です。

(3) 四角錐の辺の数は8です。

(4) 三角柱の辺の数は9です。

(5) 四角錐の頂点の数は5です。

(6) 三角柱の頂点の数は6です。

❹ (1) 展開図を組み立てると四面体になります。

(2) 展開図を組み立てると五面体になります。

24 正多面体の頂点,辺,面

本冊 p.50

❶ (1)**正三角形** (2)**6** (3)**4** (4)**2**
(5)**正方形** (6)**12** (7)**8** (8)**2**

❷ (1)**正三角形** (2)**12** (3)**6** (4)**2**
(5)**正五角形** (6)**30** (7)**20** (8)**2**

❸ **12**

解き方

❶ (1)(2)(3) 正四面体は正三角形が4個集まった立体で,辺の数は6,頂点の数は4です。

(4) $4-6+4=2$

(5)(6)(7) 正六面体は正方形が6個集まった立体で,辺の数は12,頂点の数は8です。

(8) $6-12+8=2$

❷ (1)(2)(3) 正八面体は正三角形が8個集まった立体で,辺の数は12,頂点の数は6です。

(4) $8-12+6=2$

(5)(6)(7) 正十二面体は正五角形が12個集まった立体で,辺の数は30,頂点の数は20です。

(8) $12-30+20=2$

❸ 正二十面体は正三角形が20個集まった立体です。

頂点の数をxとすると,

$20-30+x=2$

$x=12$

25 2直線の位置関係

本冊 p.52

❶ (1)**辺DC,辺EF,辺HG**
(2)**辺AB,辺AD,辺EF,辺EH**
(3)**辺AD,辺BC,辺DH,辺CG**

❷ (1)**0** (2)**辺AB,辺AC,辺BD,辺CD**
(3)**辺BD**

❸ (1)**辺BE,辺CF**
(2)**辺AB,辺AC,辺BE,辺CF**
(3)**辺AC,辺BC,辺CF**
(4)**辺AC,辺DF**

❹ (1)**1** (2)**辺AB,辺DC,辺AE,辺DE**
(3)**辺AD,辺CD** (4)**辺AE,辺DE**

解き方

❶ (1) 辺ABと同じ平面上にあって交わらない辺を選びます。

(2) 辺AEと同じ平面上にあって交わる辺を選びます。

(3) 辺EFと同じ平面上にない辺を選びます。

❷ (1) 辺ABと同じ平面上にあって交わらない辺

の数は0です。

(2) 辺ADと同じ平面上にあって交わる辺を選びます。

(3) 辺ACと同じ平面上にない辺を選びます。

❸ (1) 辺ADと同じ平面上にあって交わらない辺を選びます。

(2) 辺BCと同じ平面上にあって交わる辺を選びます。

(3) 辺DEと同じ平面上にない辺を選びます。

(4) 辺BEと同じ平面上にない辺を選びます。

❹ (1) 辺ABと同じ平面上にあって交わらない辺は辺DCだけなので，その数は1です。

(2) 辺ADと同じ平面上にあって交わる辺を選びます。

(3) 辺BEと同じ平面上にない辺を選びます。

(4) 辺BCと同じ平面上にない辺を選びます。

26 直線と平面の位置関係

本冊 p.54

❶ (1)**面EFGH，面DHGC**
(2)**辺DH，辺HG，辺CG，辺DC**
(3)**面ABCD，面EFGH**

❷ (1)**0** (2)**面ACD，面ABC**
(3)**辺AC，辺BC，辺DC**

❸ (1)**面BEFC** (2)**辺DE，辺EF，辺DF**
(3)**面ABC，面DEF**
(4)**辺AC，辺BC，辺DF，辺EF**

❹ (1)**0** (2)**辺AD** (3)**面ABE，面CDE**
(4)**辺AE，辺BE，辺CE，辺DE**

解き方

❶ (1) 辺ABをふくまず，辺ABと交わらない面を選びます。

(2) 面AEFBにふくまれず，面AEFBと交わらない辺を選びます。

(3) 辺BFをふくまず，辺BFと交わる面を選びます。

❷ (1) 辺ABをふくまず，辺ABと交わらない面の数は0です。

(2) 辺DBをふくまず，辺DBと交わる面を選びます。

(3) 面ABDにふくまれず，面ABDと交わる辺を選びます。

❸ (1) 辺ADをふくまず，辺ADと交わらない面を選びます。

(2) 面ABCにふくまれず，面ABCと交わらない辺を選びます。

(3) 辺BEをふくまず，辺BEと交わる面を選びます。

(4) 面ADEBにふくまれず，面ADEBと交わる辺を選びます。

❹ (1) 辺AEをふくまず，辺AEと交わらない面の数は0です。

(2) 面BCEにふくまれず，面BCEと交わらない辺を選びます。

(3) 辺BCをふくまず，辺BCと交わる面を選びます。

(4) 面ABCDにふくまれず，面ABCDと交わる辺を選びます。

27 2平面の位置関係

本冊 p.56

❶ (1)**面EFGH** (2)**面DHGC**
(3)**面AEFB，面BFGC，面DHGC，面AEHD**

❷ (1)**5** (2)**面FGHIJ**
(3)**面ABCDE，面FGHIJ**

❸ (1)**0** (2)**面DEF** (3)**面ABC，面DEF**
(4)**面ADEB，面BEFC，面ADFC**

❹ (1)**3** (2)**面ABC** (3)**面ABC，面DEF**
(4)**面ABC，面DEF，面BEFC**

解き方

❶ (1) 面ABCDと交わらない面を選びます。

(2) 面AEFBと交わらない面を選びます。

(3) 面ABCDとつくる角が90°の面を選びます。

❷ (1) 面FGHIJとつくる角が90°の面の数を答えます。

(2) 面ABCDEと交わらない面を選びます。

(3) 面AFGBとつくる角が90°の面を選びます。

❸ (1) 面BEFCと交わらない面の数を答えます。

(2)　面ABCと交わらない面を選びます。

(3)　面ADEBとつくる角が90°の面を選びます。

(4)　面ABCとつくる角が90°の面を選びます。

❹ (1)　面ABCとつくる角が90°の面の数を答えます。

(2)　面DEFと交わらない面を選びます。

(3)　面ADFCとつくる角が90°の面を選びます。

(4)　面ADEBとつくる角が90°の面を選びます。

28 面の移動・回転でできる立体❶　本冊 p.58

❶　(1)三角柱　(2)高さ　(3)側面

❷　(1)円柱　(2)線分 **AB**
(3)線分 **AD**，線分 **BC**

❸　(1)四角柱　(2)高さ　(3)**6**

❹　(1)円錐　(2)線分 **AB**　(3)線分 **BC**
(4)線分 **AC**

解き方

❶ (1)　三角形が底面となり，三角柱ができます。

(2)　底面が垂直に動いた距離は，立体の高さになります。

(3)　底面の周が垂直に動いたあとは，立体の側面になります。

❷ (1)　2つの底面は円となり，円柱ができます。

(2)　母線は，**回転させてできる立体の側面になる線分**なので線分ABです。

(3)　底面の円の半径となるのは，線分ADと線分BCです。

❸ (1)　台形が底面となり，四角柱ができます。

(2)　底面が垂直に動いた距離は，立体の高さになります。

(3)　四角柱の面の数は6です。

❹ (1)　1つの底面は円となり，円錐ができます。

(2)　母線は，回転させてできる立体の側面になる線分なので線分ABです。

(3)　底面の円の半径となるのは，線分BCです。

(4)　立体の高さとなるのは，線分ACです。

29 面の移動・回転でできる立体❷　本冊 p.60

❶　(1)円柱　(2)高さ　(3)側面

❷　(1)台形(四角形)　(2)三角形

❸　(1)五角柱　(2)高さ　(3)**7**

❹　(1)三角形　(2)台形(四角形)

❺　球

解き方

❶ (1)　円が底面となり，円柱ができます。

(2)　底面が垂直に動いた距離は，立体の高さになります。

(3)　底面の周が垂直に動いたあとは，立体の側面になります。

❷ (1)　回転の軸を考えると，回転させる前の図形は台形です。

(2)　回転の軸を考えると，回転させる前の図形は三角形です。

❸ (1)　五角形が底面となり，五角柱ができます。

(2)　底面が垂直に動いた距離は，立体の高さになります。

(3)　五角柱の面の数は7です。

❹ (1)　回転の軸を考えると，回転させる前の図形は三角形です。

(2)　回転の軸を考えると，回転させる前の図形は台形です。

❺　半円を，直径を軸として1回転させると球ができます。

30 回転体の見取図　本冊 p.62

❶　(1)　(2)

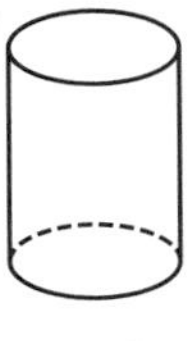

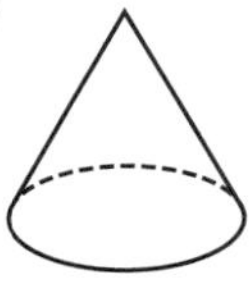

(3)

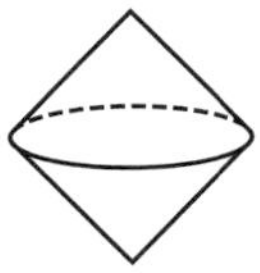

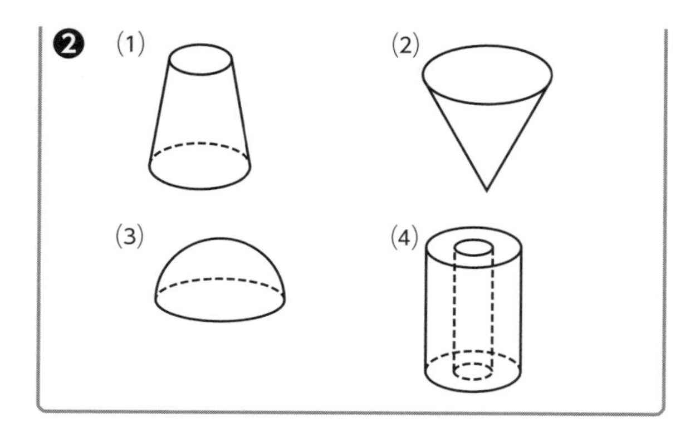

解き方

❶❷　直線ℓを軸（じく）に回転させた立体を考え，見えない線は破線（はせん）でかきます。切り口が円になることを意識します。

31 角柱・角錐の展開図　本冊 p.64

❶　(1)辺**DC**　(2)点**M**，点**I**
❷　(1)辺**AH**　(2)点**D**，点**H**
　(3)辺**BC**，辺**CD**，辺**FE**
　(4)辺**CF**，辺**DE**
❸　(1)辺**FE**　(2)点**B**，点**D**
　(3)辺**FE**，辺**IH**，辺**GH**　(4)∠**CDE**
❹　(1)辺**DC**　(2)点**D**，点**F**　(3)辺**AF**
　(4)辺**DC**，辺**DE**，辺**FE**

解き方

❶ (1)　組み立てると同じ辺になるのは辺DCです。
(2)　点Iとも重なることに注意します。

❷ (1)　組み立てると同じ辺になるのは辺AHです。
(2)　点Hとも重なることに注意します。
(3)　辺FGと重なる辺FE，辺FEと同じ長さである辺CD，辺CDと重なる辺BCはすべて等しい長さです。
(4)　辺HGと重なる辺DE，辺DEと同じ長さである辺CFはすべて等しい長さです。

❸ (1)　組み立てると同じ辺になるのは辺FEです。
(2)　点Bとも重なることに注意します。
(3)　辺DEと重なる辺FE，辺FEと同じ長さである辺GH，辺GHと重なる辺IHはすべて等しい長さです。
(4)　組み立てると△JIHと向かい合う面になる，△CDEの∠CDEが等しい大きさです。

❹ (1)　組み立てると同じ辺になるのは辺DCです。
(2)　点Fとも重なることに注意します。
(3)　辺ABと重なる辺AFは等しい長さです。
(4)　辺BCと重なる辺DC，辺DCと同じ長さである辺DE，辺DEと重なる辺FEはすべて等しい長さです。

32 円柱の展開図　本冊 p.66

❶　(1)点**C**　(2)辺**AB**，辺**DC**
　(3)辺**AD**，辺**BC**　(4)$\mathbf{8\pi}$**cm**
　(5)**6cm**　(6)$\mathbf{12\pi}$**cm**^{2}
❷　(1)点**E**　(2)辺**EF**，辺**HG**
　(3)辺**EH**，辺**FG**　(4)$\mathbf{2\pi}$**cm**
　(5)**10cm**　(6)$\mathbf{20\pi}$**cm**^{2}　(7)$\mathbf{100\pi}$**cm**^{2}

解き方

❶ (1)　組み立てると点Bと重なるのは点Cです。
(2)　側面の縦の長さが円柱の高さとなります。
(3)　組み立てると円周と重なるのは辺AD，辺BCです。
(4)　ADの長さは円周と等しいので，
$2\pi\times4=8\pi$(cm)
(5)　BCの長さは円周と等しいので，
$\frac{12\pi}{2\pi}=6$(cm)
(6)　ADの長さは円周と等しいので，
$2\times2\pi\times3=12\pi$(cm^2)

❷ (1)　組み立てると点Hと重なるのは点Eです。
(2)　側面の縦の長さが円柱の高さとなります。
(3)　組み立てると円周と重なるのは辺EH，辺FGです。
(4)　FGの長さは円周と等しいので，
$2\pi\times1=2\pi$(cm)

(5)　EHの長さは円周と等しいので，

$\frac{20\pi}{2\pi}=10$(cm)

(6)　EHの長さは円周と等しいので，

$5\times2\pi\times2=20\pi$(cm^2)

(7)　EHの長さは円周と等しいので，

$10\times2\pi\times5=100\pi$(cm^2)

33 円錐の展開図

本冊 p.68

❶　(1)点B　(2)**5πcm**　(3)**6πcm**
(4)**2cm**　(5)**120°**　(6)**5cm**

❷　(1)辺**OB**　(2)**7πcm**　(3)**2πcm**
(4)**6cm**　(5)**6πcm**　(6)**60°**　(7) **2cm**

解き方

❶ (1)　組み立てると点Aと重なるのは点Bです。

(2)　底面の円周は$\overset{\frown}{AB}$の長さと等しいです。

(3)　$2\pi\times3=6\pi$(cm)

(4)　$\frac{4\pi}{2\pi}=2$(cm)

(5)　$\overset{\frown}{AB}=2\pi\times4=8\pi$(cm)

$360°\times\frac{8\pi}{2\pi\times12}=120°$

(6)　$\overset{\frown}{AB}=2\pi\times18\times\frac{100}{360}=10\pi$(cm)

$\frac{10\pi}{2\pi}=5$(cm)

❷ (1)　組み立てると辺OAと重なるのは辺OBです。

(2)　底面の円周は$\overset{\frown}{AB}$の長さと等しいです。

(3)　$2\pi\times1=2\pi$(cm)

(4)　$\frac{12\pi}{2\pi}=6$(cm)

(5)　$2\pi\times18\times\frac{60}{360}=6\pi$(cm)

(6)　$\overset{\frown}{AB}=2\pi\times2=4\pi$(cm)

$360°\times\frac{4\pi}{2\pi\times12}=60°$

(7)　$\overset{\frown}{AB}=2\pi\times9\times\frac{80}{360}=4\pi$(cm)

$\frac{4\pi}{2\pi}=2$(cm)

34 立体の展開図

本冊 p.70

❶　(1)**4**　(2)点**G**　(3)点**E**　(4)辺**GF**　(5)辺**EF**
(6)**△CJB，△CIJ，△CHI，△CDH**
(7)**△FGE，△JAB，△JBC，△JCI**

❷　(1)**5**　(2)点**N**　(3)点**F**，点**H**，点**J**，点**L**
(4)辺**GH**　(5)辺**CD**　(6)辺**NM**
(7)**△TUV，△TVE，△TEG，△TGR，△TRS**
(8)**△NOP，△NPK，△NKM，△BVA，△BCV**

解き方

❶　どの点や辺どうしが重なるかをひとつずつ確認することが重要です。展開図を組み立てると次のようになります。

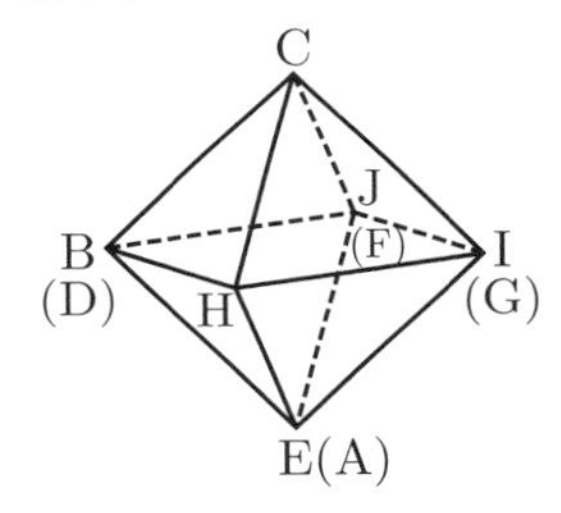

(1)　正八面体の頂点にはそれぞれ4個の面が集まります。

(2)　組み立てると点Iと重なるのは点Gです。

(3)　組み立てると点Aと重なるのは点Eです。

(4)　組み立てると辺IJと重なるのは辺GFです。

(5)　組み立てると辺AJと重なるのは辺EFです。

(6)　頂点Cのまわりにある4個の三角形を答えます。

(7)　頂点Fと頂点Jが重なるので，頂点Fと頂点Jのまわりの三角形を答えます。

❷　展開図を組み立てると次のようになります。

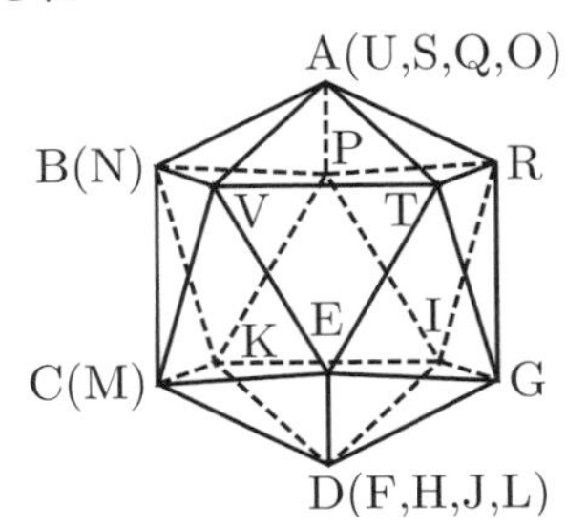

(1)　正二十面体の頂点にはそれぞれ5個の面が集まります。

(2)　組み立てると点Bと重なるのは点Nです。

(3)　組み立てると点Dと重なるのは点F，点H，点J，点Lです。

(4)　組み立てると辺GFと重なるのは辺GHです。

(5)　組み立てると辺MLと重なるのは辺CDです。

(6)　組み立てると辺BCと重なるのは辺NMです。

(7)　頂点Tのまわりにある5個の三角形を答えます。

(8)　頂点Nと頂点Bが重なるので，頂点Nと頂点Bのまわりの三角形を答えます。

35 立体の表面での最短距離　本冊 p.72

❶　(1)線分（せんぶん）AI　(2)長方形BAHI　(3)長くなる　(4)短くなる　(5)直方体Q

❷　(1)短くなる　(2)長くなる　(3)長くなる　(4)正三角柱P　(5)円柱

解き方

❶ (1)　展開図を組み立てると点Bと点Iが重なるので，ひもは線分AIと重なります。

(2)　線分AIを対角線とする長方形なので，長方形BAHIです。

(3)　側面の長方形の横の長さが長くなるので，ひもの長さは長くなります。

(4)　側面の長方形の縦の長さが短くなるので，ひもの長さは短くなります。

(5)　高さが同じなので，底面の周の長さが長い方が，ひもの長さも長くなります。よって，直方体Qです。

❷ (1)　側面の長方形の横の長さが短くなるので，ひもの長さは短くなります。

(2)　展開図における側面の長方形の横の長さが長くなるので，ひもの長さは長くなります。

(3)　側面の長方形の縦の長さが長くなるので，ひもの長さは長くなります。

(4)　高さが同じなので，底面の周の長さが長い方が，ひもの長さも長くなります。よって，正三角柱Pです。

(5)　高さが同じなので，底面の周の長さが長い方が，ひもの長さも長くなります。

正三角柱の底面の周の長さは，

$10\times3=30$(cm)

円柱の底面の周の長さは，

$2\pi\times5=10\pi$(cm)

$\pi=3.14\cdots$なので，ひもの長さが長いのは円柱です。

36 投影図　本冊 p.74

❶　(1)円柱　(2)四角錐（すい）

(3)　(4)

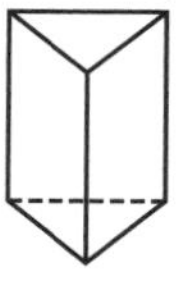

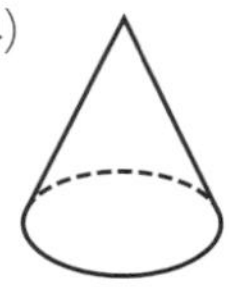

❷　(1)三角錐　(2)球

(3)　(4)

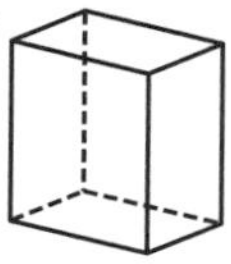

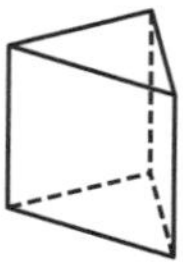

解き方

❶ (1)　立面図（りつめんず）が四角形で，平面図（へいめんず）が円である立体を選ぶと円柱になります。

(2)　立面図が三角形で，平面図が四角形である立体を選ぶと四角錐になります。

(3)　立面図が四角形で，平面図が三角形である立体を選ぶと三角柱になります。

(4)　立面図が三角形で，平面図が円である立体を選ぶと円錐になります。

❷ (1)　立面図が三角形で，平面図が三角形である立体を選ぶと三角錐になります。

(2)　立面図が円で，平面図が円である立体を選ぶと球になります。

(3)　立面図が四角形で，平面図が四角形である立体を選ぶと直方体になります。

(4) 立面図が四角形で，平面図が三角形である立体を選ぶと三角柱になります。三角形の形に注意して見取図(みとりず)をかきます。

37 いろいろな投影図 本冊 p.76

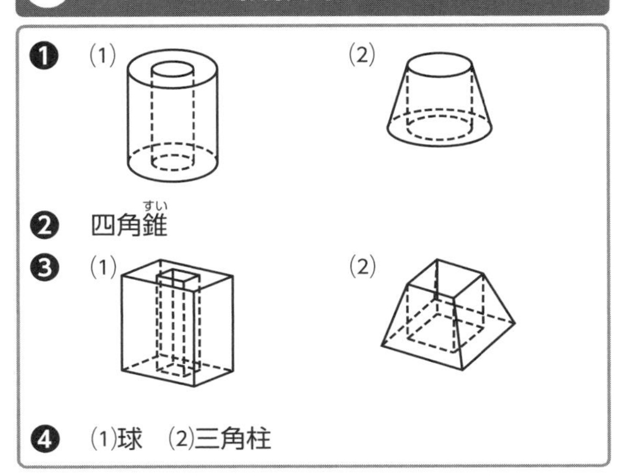

❶ (1) (2)

❷ 四角錐(すい)

❸ (1) (2)

❹ (1)球 (2)三角柱

解き方

❶ (1) 投影図(とうえいず)より，円柱に円形の穴があいた立体であることがわかります。

(2) 投影図より，円錐の上部を切りとった立体に円形の穴があいた立体であることがわかります。

❷ 正面から見ると三角形に見える立体なので，四角錐を選びます。

❸ (1) 投影図より，直方体に四角形の穴があいた立体であることがわかります。

(2) 投影図より，四角錐の上部を切りとった立体に四角形の穴があいた立体であることがわかります。

❹ (1) 正面から見ると円に見える立体なので，球を選びます。

(2) 正面から見ると四角形に見える立体なので，三角柱を選びます。

38 立方体の切り口と展開図 本冊 p.78

❶ (1)四角形 (2)三角形 (3)六角形

❷ (1)面C (2)面B，面C，面D，面F

❸ (1)四角形 (2)四角形 (3)五角形

❹ (1)面B (2)面B，面C，面E，面F

(3)面E (4)面A，面C，面E，面F

解き方

❶ まず，立方体の同じ面上にある2点に注目します。切断した面がその2点を結ぶ線分(せんぶん)を通ることから，形を考えます。以下の図は，切断した面を太い線で示しています。

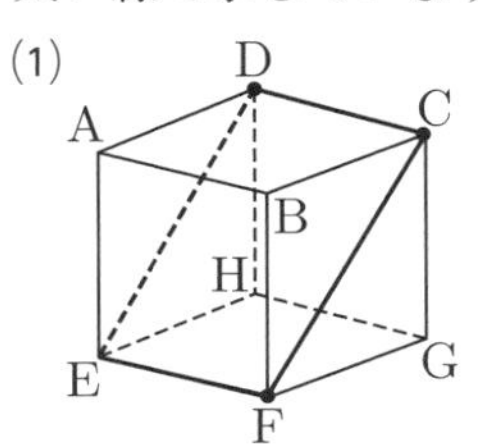

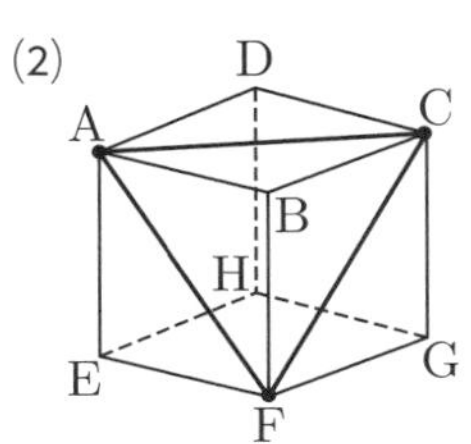

(3) 立方体の同じ面上にある2点はないので，切断した面が立方体の各辺のどの位置を通れば3点を通るかを考えます。

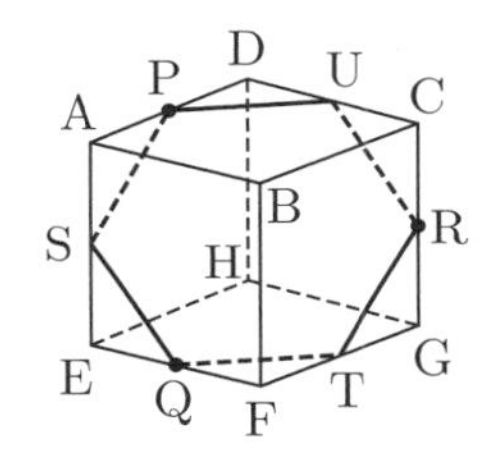

❷ (1) 展開図を組み立てると面Fは面Cと平行になります。

(2) 展開図を組み立てると面Eは面Aと平行になり，他の4個の面とは垂直になります。

❸ まず，立方体の同じ面上にある2点に注目します。切断した面がその2点を結ぶ線分を通ることから，形を考えます。

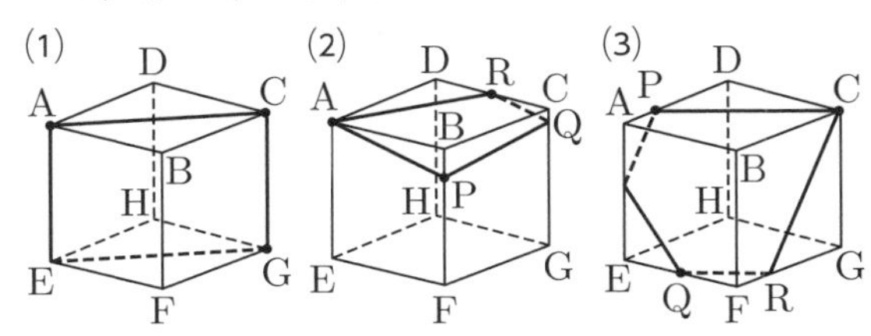

❹ (1) 展開図を組み立てると面Eは面Bと平行になります。

(2) 展開図を組み立てると面Aは面Dと平行になり，他の4個の面とは垂直になります。

(3) 展開図を組み立てると面Cは面Eと平行になります。

(4) 展開図を組み立てると面Dは面Bと平行になり，他の4個の面とは垂直になります。

39 角柱・円柱の体積 本冊 p.80

❶ (1)**24cm^3** (2)**30cm^3** (3)**$54\pi\text{cm}^3$** (4)**8cm^3** (5)**$80\pi\text{cm}^3$**
❷ **108cm^3**
❸ (1)**56cm^3** (2)**36cm^3** (3)**$200\pi\text{cm}^3$** (4)**216cm^3** (5)**$98\pi\text{cm}^3$** (6)**48cm^3**
❹ **180cm^3**

解き方

❶ (1) $2\times3\times4=24(\text{cm}^3)$
(2) $\frac{1}{2}\times4\times3\times5=30(\text{cm}^3)$
(3) $\pi\times3^2\times6=54\pi(\text{cm}^3)$
(4) $2\times2\times2=8(\text{cm}^3)$
(5) $\pi\times4^2\times5=80\pi(\text{cm}^3)$

❷ $\frac{1}{2}\times(5+7)\times3\times6=108(\text{cm}^3)$

❸ (1) $4\times2\times7=56(\text{cm}^3)$
(2) $\frac{1}{2}\times6\times4\times3=36(\text{cm}^3)$
(3) $\pi\times5^2\times8=200\pi(\text{cm}^3)$
(4) $6\times6\times6=216(\text{cm}^3)$
(5) $\pi\times7^2\times2=98\pi(\text{cm}^3)$
(6) $4\times4\times3=48(\text{cm}^3)$

❹ $\frac{1}{2}\times(12+6)\times4\times5=180(\text{cm}^3)$

40 角錐・円錐の体積 本冊 p.82

❶ (1)**8cm^3** (2)**20cm^3** (3)**$32\pi\text{cm}^3$** (4)**70cm^3** (5)**$60\pi\text{cm}^3$**
❷ **30cm^3**
❸ (1)**42cm^3** (2)**16cm^3** (3)**$75\pi\text{cm}^3$** (4)**64cm^3** (5)**$16\pi\text{cm}^3$** (6)**147cm^3**
❹ **80cm^3**

解き方

❶ (1) $\frac{1}{3}\times3\times2\times4=8(\text{cm}^3)$
(2) $\frac{1}{3}\times\frac{1}{2}\times5\times4\times6=20(\text{cm}^3)$
(3) $\frac{1}{3}\times\pi\times4^2\times6=32\pi(\text{cm}^3)$
(4) $\frac{1}{3}\times5\times6\times7=70(\text{cm}^3)$
(5) $\frac{1}{3}\times\pi\times6^2\times5=60\pi(\text{cm}^3)$

❷ $\frac{1}{3}\times\frac{1}{2}\times5\times6\times6=30(\text{cm}^3)$

❸ (1) $\frac{1}{3}\times2\times9\times7=42(\text{cm}^3)$
(2) $\frac{1}{3}\times\frac{1}{2}\times8\times3\times4=16(\text{cm}^3)$
(3) $\frac{1}{3}\times\pi\times5^2\times9=75\pi(\text{cm}^3)$
(4) $\frac{1}{3}\times6\times8\times4=64(\text{cm}^3)$
(5) $\frac{1}{3}\times\pi\times2^2\times12=16\pi(\text{cm}^3)$
(6) $\frac{1}{3}\times7\times7\times9=147(\text{cm}^3)$

❹ $\frac{1}{3}\times\frac{1}{2}\times6\times10\times8=80(\text{cm}^3)$

41 角柱・円柱の表面積 本冊 p.84

❶ **60cm^2**
❷ (1)**52cm^2** (2)**126cm^2** (3)**64cm^2** (4)**$54\pi\text{cm}^2$** (5)**$90\pi\text{cm}^2$**
❸ **144cm^2**
❹ (1)**148cm^2** (2)**100cm^2** (3)**80cm^2** (4)**$48\pi\text{cm}^2$** (5)**$108\pi\text{cm}^2$** (6)**$360\pi\text{cm}^2$**

解き方

❶ $\frac{1}{2}\times3\times4\times2+(3+4+5)\times4=60(\text{cm}^2)$

❷ (1) $4\times2\times2+(4+2)\times2\times3=52(\text{cm}^2)$
(2) $5\times3\times2+(5+3)\times2\times6=126(\text{cm}^2)$
(3) $2\times2\times2+2\times4\times7=64(\text{cm}^2)$
(4) $\pi\times3^2\times2+2\pi\times3\times6=54\pi(\text{cm}^2)$
(5) $\pi\times5^2\times2+2\pi\times5\times4=90\pi(\text{cm}^2)$

❸ $\frac{1}{2}\times6\times8\times2+(6+8+10)\times4=144(\text{cm}^2)$

❹ (1) $6\times4\times2+(6+4)\times2\times5=148(\text{cm}^2)$
(2) $7\times2\times2+(7+2)\times2\times4=100(\text{cm}^2)$
(3) $4\times4\times2+4\times4\times3=80(\text{cm}^2)$
(4) $\pi\times4^2\times2+2\pi\times4\times2=48\pi(\text{cm}^2)$
(5) $\pi\times6^2\times2+2\pi\times6\times3=108\pi(\text{cm}^2)$
(6) $\pi\times10^2\times2+2\pi\times10\times8=360\pi(\text{cm}^2)$

42 角錐の表面積❶ 本冊 p.86

❶ **33 cm²**

❷ (1)**65 cm²** (2)**64 cm²** (3)**32 cm²** (4)**39 cm²** (5)**95 cm²**

❸ **36 cm²**

❹ (1)**18 cm²** (2)**15 cm²** (3)**48 cm²** (4)**45 cm²** (5)**63 cm²** (6)**108 cm²**

解き方

❶ $3\times3+\frac{1}{2}\times3\times4\times4=33(\text{cm}^2)$

❷ (1) $5\times5+\frac{1}{2}\times5\times4\times4=65(\text{cm}^2)$

(2) $4\times4+\frac{1}{2}\times4\times6\times4=64(\text{cm}^2)$

(3) $2\times2+\frac{1}{2}\times2\times7\times4=32(\text{cm}^2)$

(4) $3\times3+\frac{1}{2}\times3\times5\times4=39(\text{cm}^2)$

(5) $5\times5+\frac{1}{2}\times5\times7\times4=95(\text{cm}^2)$

❸ $\frac{1}{2}\times4\times6\times3=36(\text{cm}^2)$

❹ (1) $\frac{1}{2}\times3\times4\times3=18(\text{cm}^2)$

(2) $\frac{1}{2}\times2\times5\times3=15(\text{cm}^2)$

(3) $\frac{1}{2}\times4\times8\times3=48(\text{cm}^2)$

(4) $\frac{1}{2}\times5\times6\times3=45(\text{cm}^2)$

(5) $\frac{1}{2}\times6\times7\times3=63(\text{cm}^2)$

(6) $\frac{1}{2}\times8\times9\times3=108(\text{cm}^2)$

43 角錐の表面積❷ 本冊 p.88

❶ (1)**45 cm²** (2)**105 cm²** (3)**24 cm²** (4)**72 cm²** (5)**208 cm²**

❷ (1)**9 cm²** (2)**30 cm²** (3)**27 cm²** (4)**81 cm²** (5)**120 cm²** (6)**210 cm²**

解き方

❶ (1) $3\times3+\frac{1}{2}\times3\times6\times4=45(\text{cm}^2)$

(2) $5\times5+\frac{1}{2}\times5\times8\times4=105(\text{cm}^2)$

(3) $2\times2+\frac{1}{2}\times2\times5\times4=24(\text{cm}^2)$

(4) $4\times4+\frac{1}{2}\times4\times7\times4=72(\text{cm}^2)$

(5) $8\times8+\frac{1}{2}\times8\times9\times4=208(\text{cm}^2)$

❷ (1) $\frac{1}{2}\times2\times3\times3=9(\text{cm}^2)$

(2) $\frac{1}{2}\times4\times5\times3=30(\text{cm}^2)$

(3) $\frac{1}{2}\times3\times6\times3=27(\text{cm}^2)$

(4) $\frac{1}{2}\times6\times9\times3=81(\text{cm}^2)$

(5) $\frac{1}{2}\times8\times10\times3=120(\text{cm}^2)$

(6) $\frac{1}{2}\times10\times14\times3=210(\text{cm}^2)$

44 円錐の表面積❶ 本冊 p.90

❶ (1)**120°** (2)**16π cm²**

❷ (1)**14π cm²** (2)**48π cm²** (3)**5π cm²**

❸ (1)**240°** (2)**90π cm²**

❹ (1)**28π cm²** (2)**9π cm²** (3)**21π cm²** (4)**24π cm²**

解き方

❶ (1) $360^\circ\times\frac{2\pi\times2}{2\pi\times6}=120^\circ$

(2) $\pi\times6^2\times\frac{120}{360}+\pi\times2^2=16\pi(\text{cm}^2)$

❷ (1) $360^\circ\times\frac{2\pi\times2}{2\pi\times5}=144^\circ$

$\pi\times5^2\times\frac{144}{360}+\pi\times2^2=14\pi(\text{cm}^2)$

中心角を求めずに,

$\pi\times5^2\times\frac{2}{5}+\pi\times2^2=14\pi(\text{cm}^2)$

と求めることもできます。

(2) $360^\circ\times\frac{2\pi\times4}{2\pi\times8}=180^\circ$

$\pi\times8^2\times\frac{180}{360}+\pi\times4^2=48\pi(\text{cm}^2)$

(3) 底面の半径は, $\frac{2\pi}{2\pi}=1$(cm)

$360°\times\frac{2\pi}{2\pi\times4}=90°$

$\pi\times4^2\times\frac{90}{360}+\pi\times1^2=5\pi(\text{cm}^2)$

❸ (1) $360°\times\frac{2\pi\times6}{2\pi\times9}=240°$

(2) $\pi\times9^2\times\frac{240}{360}+\pi\times6^2=90\pi(\text{cm}^2)$

❹ (1) $360°\times\frac{2\pi\times2}{2\pi\times12}=60°$

$\pi\times12^2\times\frac{60}{360}+\pi\times2^2=28\pi(\text{cm}^2)$

(2) $360°\times\frac{2\pi\times1}{2\pi\times8}=45°$

$\pi\times8^2\times\frac{45}{360}+\pi\times1^2=9\pi(\text{cm}^2)$

(3) 底面の半径は, $\frac{6\pi}{2\pi}=3$(cm)

$360°\times\frac{6\pi}{2\pi\times4}=270°$

$\pi\times4^2\times\frac{270}{360}+\pi\times3^2=21\pi(\text{cm}^2)$

(4) 底面の半径は, $\frac{4\pi}{2\pi}=2$(cm)

$360°\times\frac{4\pi}{2\pi\times10}=72°$

$\pi\times10^2\times\frac{72}{360}+\pi\times2^2=24\pi(\text{cm}^2)$

45 円錐の表面積❷

本冊 p.92

❶ (1)**160°** (2)**52πcm²**
❷ (1)**33πcm²** (2)**85πcm²** (3)**75πcm²**
❸ (1)**120°** (2)**64πcm²**
❹ (1)**20πcm²** (2)**55πcm²** (3)**24πcm²** (4)**84πcm²**

解き方

❶ (1) $360°\times\frac{2\pi\times4}{2\pi\times9}=160°$

(2) $\pi\times9^2\times\frac{160}{360}+\pi\times4^2=52\pi(\text{cm}^2)$

❷ (1) $360°\times\frac{2\pi\times3}{2\pi\times8}=135°$

$\pi\times8^2\times\frac{135}{360}+\pi\times3^2=33\pi(\text{cm}^2)$

(2) $360°\times\frac{2\pi\times5}{2\pi\times12}=150°$

$\pi\times12^2\times\frac{150}{360}+\pi\times5^2=85\pi(\text{cm}^2)$

(3) 底面の半径は, $\frac{10\pi}{2\pi}=5$(cm)

$360°\times\frac{10\pi}{2\pi\times10}=180°$

$\pi\times10^2\times\frac{180}{360}+\pi\times5^2=75\pi(\text{cm}^2)$

❸ (1) $360°\times\frac{2\pi\times4}{2\pi\times12}=120°$

(2) $\pi\times12^2\times\frac{120}{360}+\pi\times4^2=64\pi(\text{cm}^2)$

❹ (1) $360°\times\frac{2\pi\times2}{2\pi\times8}=90°$

$\pi\times8^2\times\frac{90}{360}+\pi\times2^2=20\pi(\text{cm}^2)$

(2) $360°\times\frac{2\pi\times5}{2\pi\times6}=300°$

$\pi\times6^2\times\frac{300}{360}+\pi\times5^2=55\pi(\text{cm}^2)$

(3) 底面の半径は, $\frac{6\pi}{2\pi}=3$(cm)

$360°\times\frac{6\pi}{2\pi\times5}=216°$

$\pi\times5^2\times\frac{216}{360}+\pi\times3^2=24\pi(\text{cm}^2)$

(4) 底面の半径は, $\frac{12\pi}{2\pi}=6$(cm)

$360°\times\frac{12\pi}{2\pi\times8}=270°$

$\pi\times8^2\times\frac{270}{360}+\pi\times6^2=84\pi(\text{cm}^2)$

46 球の体積と表面積

本冊 p.94

❶ (1)体積… $\frac{32}{3}\pi\text{cm}^3$, 表面積… $16\pi\text{cm}^2$
(2)体積… $36\pi\text{cm}^3$, 表面積… $36\pi\text{cm}^2$
(3)体積… $\frac{500}{3}\pi\text{cm}^3$, 表面積… $100\pi\text{cm}^2$

❷ 体積… $\frac{2000}{3}\pi\text{cm}^3$, 表面積… $300\pi\text{cm}^2$

❸ (1)体積… $\frac{256}{3}\pi\text{cm}^3$, 表面積… $64\pi\text{cm}^2$
(2)体積… $288\pi\text{cm}^3$, 表面積… $144\pi\text{cm}^2$
(3)体積… $\frac{4}{3}\pi\text{cm}^3$, 表面積… $4\pi\text{cm}^2$
(4)体積… $972\pi\text{cm}^3$, 表面積… $324\pi\text{cm}^2$

❹ 体積… $1152\pi\text{cm}^3$, 表面積… $432\pi\text{cm}^2$

解き方

❶ (1) 体積 $\frac{4}{3}\pi\times2^3=\frac{32}{3}\pi(\text{cm}^3)$

表面積 $4\pi\times2^2=16\pi(\text{cm}^2)$

(2) 体積 $\frac{4}{3}\pi\times3^3=36\pi(\text{cm}^3)$

表面積 $4\pi\times3^2=36\pi(\text{cm}^2)$

(3) 体積 $\frac{4}{3}\pi\times5^3=\frac{500}{3}\pi(\text{cm}^3)$

表面積 $4\pi\times5^2=100\pi(\text{cm}^2)$

❷ 体積 $\frac{4}{3}\pi\times10^3\times\frac{1}{2}=\frac{2000}{3}\pi(\text{cm}^3)$

表面積 $4\pi\times10^2\times\frac{1}{2}+\pi\times10^2=300\pi(\text{cm}^2)$

❸ (1) 体積 $\frac{4}{3}\pi\times4^3=\frac{256}{3}\pi(\text{cm}^3)$

表面積 $4\pi\times4^2=64\pi(\text{cm}^2)$

(2) 体積 $\frac{4}{3}\pi\times6^3=288\pi(\text{cm}^3)$

表面積 $4\pi\times6^2=144\pi(\text{cm}^2)$

(3) 体積 $\frac{4}{3}\pi\times1^3=\frac{4}{3}\pi(\text{cm}^3)$

表面積 $4\pi\times1^2=4\pi(\text{cm}^2)$

(4) 体積 $\frac{4}{3}\pi\times9^3=972\pi(\text{cm}^3)$

表面積 $4\pi\times9^2=324\pi(\text{cm}^2)$

❹ 体積 $\frac{4}{3}\pi\times12^3\times\frac{1}{2}=1152\pi(\text{cm}^3)$

表面積 $4\pi\times12^2\times\frac{1}{2}+\pi\times12^2=432\pi(\text{cm}^2)$

47 まとめのテスト❷

本冊 p.96

❶ (1)辺**AB**，辺**AD**，辺**EF**，辺**EH**
(2)面**ABCD**，面**DCGH**
(3)面**EFBA**，面**ABCD**，面**DCGH**，面**EFGH**

❷ (1)三角錐(すい) (2)四角錐

❸ 五角形 ❹

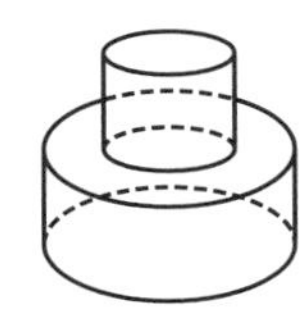

❺ (1)体積…**120 cm³**，表面積…**148 cm²**
(2)体積…**36πcm³**，表面積…**42πcm²**
(3)体積…**96πcm³**，表面積…**96πcm²**

解き方

❶ (1) 辺CGと同じ平面上にない辺を選びます。

(2) 辺EFをふくまず，辺EFと交わらない面を選びます。

(3) 面AEHDとつくる角が90°の面を選びます。

❷ (1) 立面図(りつめんず)が三角形で，平面図(へいめんず)が三角形である立体を選ぶと三角錐になります。

(2) 立面図が三角形で，平面図が四角形である立体を選ぶと四角錐になります。

❸ まず，立方体の同じ面上にある2点に注目します。切断した面がその2点を結ぶ線分(せんぶん)を通ることから，形を考えます。

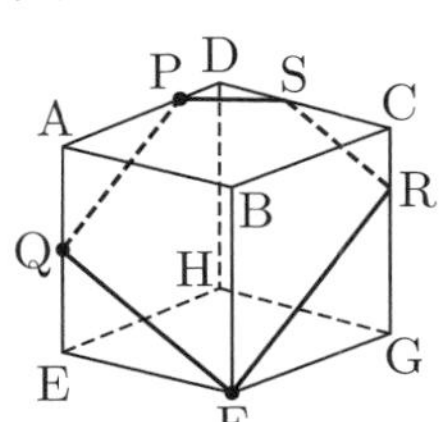

❹ 直線ℓを軸(じく)に回転させた立体を考え，見えない線は破線(はせん)でかきます。

❺ (1) 体積 $5\times4\times6=120(\text{cm}^3)$

表面積 $5\times4\times2+(5+4)\times2\times6=148(\text{cm}^2)$

(2) 体積 $\pi\times3^2\times4=36\pi(\text{cm}^3)$

表面積 $\pi\times3^2\times2+2\pi\times3\times4=42\pi(\text{cm}^2)$

(3) 体積 $\frac{1}{3}\times\pi\times6^2\times8=96\pi(\text{cm}^3)$

表面積 $360°\times\frac{2\pi\times6}{2\pi\times10}=216°$

$\pi\times10^2\times\frac{216}{360}+\pi\times6^2=96\pi(\text{cm}^2)$

48 度数分布表，ヒストグラム

本冊 p.98

❶ (1)**2** (2)**6** (3)**17**

❷ (1)**4人** (2)**7人**

❸ (1)**4** (2)**17** (3)**19** (4)**1**

❹ (1)**3人** (2)**9人** (3)**15人**

解き方

❶ (1) 得点が0点以上2点未満だった生徒は2人います。

(2) 4点以上6点未満の階級(かいきゅう)と，2点以上4点未満の階級の累積度数(るいせきどすう)より，12−6=6(人)

(3) 4点以上6点未満の階級の累積度数が12人なので，12+5=17(人)

❷ (1) ヒストグラムより，4人です。

(2) ヒストグラムより，5+2=7(人)

❸ (1) 読んだ本が8冊以上12冊未満だった生徒は4人います。

(2) 4冊以上8冊未満の階級の累積度数が13人なので，13+4=17(人)

(3) 8冊以上12冊未満の階級の累積度数が17人なので，17+2=19(人)

(4) 16冊以上20冊未満の階級と，12冊以上16冊未満の階級の累積度数より，20−19=1(人)

❹ (1) ヒストグラムより，3人です。

(2) ヒストグラムより，3+6=9(人)

(3) ヒストグラムより，6+6+3=15(人)

49 範囲，度数折れ線 本冊 p.100

❶ (1)**12点** (2)**23kg**

❷ (人)

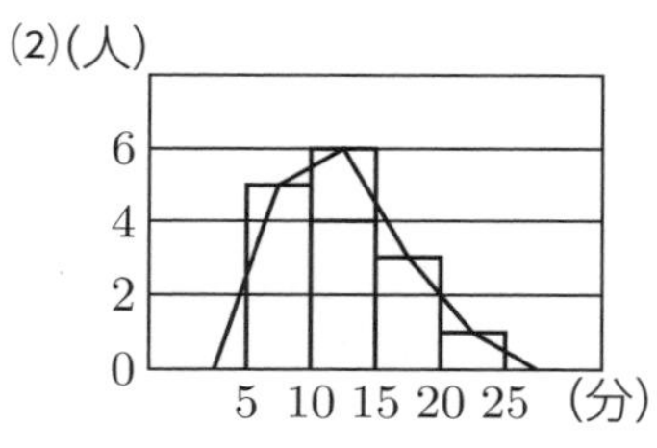

❸ (1)**上から順に，5，6，3，1**

(2)(人)

❹ (1)**9点** (2)**21kg** (3)**32cm** (4)**1.7秒**

❺ (人)

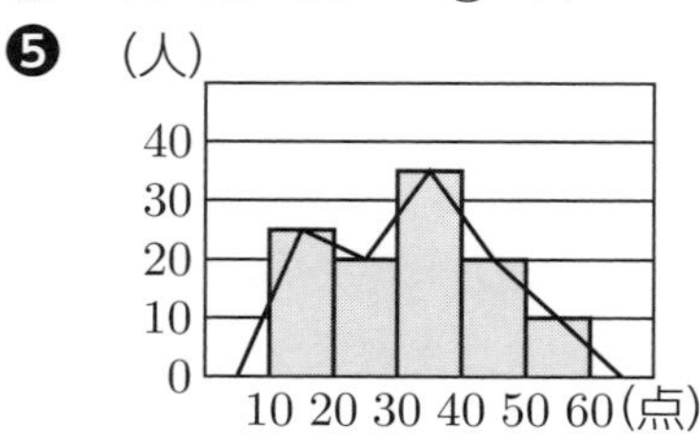

❻ (1)**上から順に，3，2，4，4，2**

(2)(人)

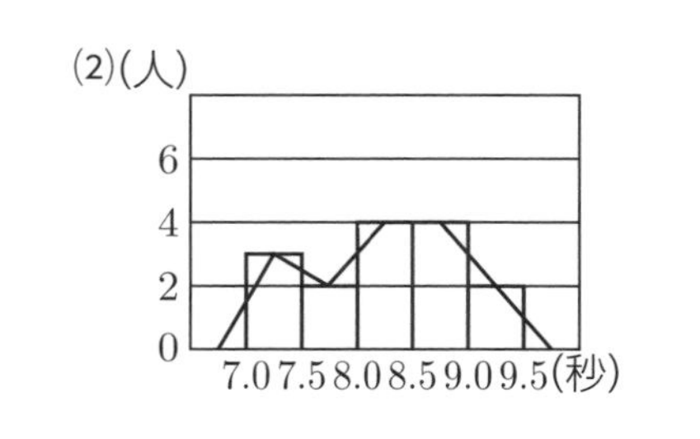

解き方

❶ (1) 最大値が15点，最小値が3点なので，15−3=12(点)

(2) 最大値が39kg，最小値が16kgなので，39−16=23(kg)

❷ それぞれの長方形の上の辺の中点(ちゅうてん)を結びます。その際，**もっとも左の階級(かいきゅう)の前ともっとも右の階級のあとにも，度数(どすう)が0の階級があるものとして線を結びます。**

❸ (1) それぞれの階級にあてはまるデータの数を数えます。

(2) それぞれの階級の数を高さとする長方形をかいたあと，度数折れ線をかきます。

❹ (1) 最大値が14点，最小値が5点なので，14−5=9(点)

(2) 最大値が55kg，最小値が34kgなので，55−34=21(kg)

(3) 最大値が167cm，最小値が135cmなので，167−135=32(cm)

(4) 最大値が9.1秒，最小値が7.4秒なので，9.1−7.4=1.7(秒)

❺ それぞれの長方形の上の辺の中点を結びます。その際，もっとも左の階級の前ともっとも右の階級のあとにも，度数が0の階級があるものとして線を結びます。

❻ (1) それぞれの階級にあてはまるデータの数を数えます。

(2) それぞれの階級の数を高さとする長方形をかいたあと，度数折れ線をかきます。

50 相対度数 本冊 p.102

❶ (1)**0.20** (2)**0.30** (3)**5** (4)**40%** (5)**B班** (6)**A班**

❷ (1)**0.30** (2)**12** (3)**0.30** (4)**10%** (5)**1組** (6)**2組** (7)**1組**

解き方

❶ (1) 2点以上4点未満の階級(かいきゅう)の度数(どすう)を，度数の合計でわればよいので，

$\frac{4}{20}=0.20$

(2) 0点以上2点未満の階級の累積相対度数(るいせきそうたいどすう)が0.10なので，0.10+0.20=0.30

(3) 相対度数が0.25なので，

20×0.25=5(人)

また，次のように度数の合計から求めてもよい。

20－(2+4+8+1)=5(人)

(4) 4点以上6点未満の階級の相対度数より，40%

(5) 8点以上10点未満の階級の相対度数を比べると，B班のほうが大きいので，B班。

(6) 6点以上8点未満の階級と8点以上10点未満の階級の相対度数の合計を比べると，A班のほうが大きいので，A班。

❷ (1) 7.0秒以上7.5秒未満の階級の累積相対度数が0.10なので，

0.10+0.20=0.30

(2) 度数の合計より，

40－(4+8+12+4)=12(人)

(3) 8.5秒以上9.0秒未満の階級の度数を，度数の合計でわればよいので，

$\frac{12}{40}=0.30$

(4) 9.0秒以上9.5秒未満の階級の相対度数より，10%

(5) 7.0秒以上7.5秒未満の階級の相対度数を比べると，1組のほうが大きいので，1組。

(6) 7.0秒以上7.5秒未満の階級と7.5秒以上8.0秒未満の階級の相対度数の合計を比べると，2組のほうが大きいので，2組。

(7) 8.5秒以上9.0秒未満の階級と9.0秒以上9.5秒未満の階級の相対度数の合計を比べると，1組のほうが大きいので，1組。

51 相対度数と確率 本冊 p.104

❶ (1)**0.58** (2)**0.46** (3)**208** (4)**0.52** (5)**0.50** (6)**800**

❷ (1)**0.36** (2)**0.40** (3)**800**

❸ (1)**510** (2)**0.16** (3)**2500**

解き方

❶ (1) $\frac{58}{100}=0.58$

(2) $\frac{92}{200}=0.46$

(3) 400－192=208(回)

(4) $\frac{208}{400}=0.52$

(5) 表が出た回数の相対度数(そうたいどすう)の変化より，投げた回数を増やすと，相対度数は0.50に近づくと考えられます。

(6) (5)より，表が出た回数の相対度数は0.50に近づいていくと考えられるので，コインを1600回投げて表が出る回数は，

1600×0.50=800(回)

❷ (1) $\frac{108}{300}=0.36$

(2) 表が出た回数の相対度数の変化より，投げた回数を増やすと，相対度数は0.40に近づくと考えられます。

(3) (2)より，表が出た回数の相対度数は0.40に近づいていくと考えられるので，ビンのふたを2000回投げて表が出る回数は，

2000×0.40=800(回)

❸ (1) 600－90=510(回)

(2) 1の面が出た回数の相対度数の変化より，投げた回数を増やすと，相対度数は0.16に近づくと考えられます。

(3) (2)より，1以外の面が出た回数の相対度数は0.84に近づいていくと考えられるので，さい

ころを3000回投げて1以外の面が出る回数は，
$3000 \times 0.84 = 2520$(回)
よって，もっとも近い2500を選びます。

52 まとめのテスト❸ 本冊 p.106

❶ (1)**3人** (2)**0.32** (3)**40%**
❷ (1)**上から順に，5，6，4，5**
(2)
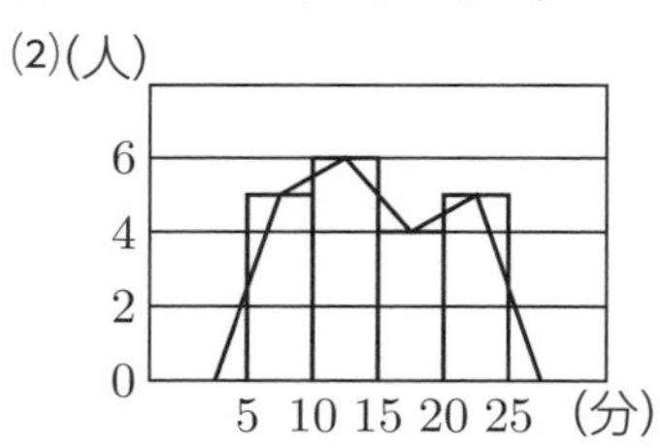

❸ **650**
❹ (1)**A班** (2)**A班** (3)**B班** (4)**イ**

解き方

❶ (1) ヒストグラムより，3人です。
(2) ヒストグラムより，度数(どすう)が8人なので，
$\frac{8}{25} = 0.32$
(3) ヒストグラムより，得点が8点未満だった生徒の人数は10人なので，
$\frac{10}{25} \times 100 = 40$(%)
❷ (1) それぞれの階級(かいきゅう)にあてはまるデータの数を数えます。
(2) それぞれの階級の数を高さとする長方形をかいたあと，度数折れ線をかきます。
❸ 900回投げたときの表が出た回数の相対(そうたい)度数は，
$\frac{360}{900} = 0.4$
表が出る回数の相対度数が0.4に近づいていくと考えると，コインを1600回投げて表が出る回数は，
$1600 \times 0.4 = 640$(回)
よって，もっとも近い650を選びます。
❹ (1) 20点以上30点未満の階級の度数を比べると，A班のほうが大きいので，A班。
(2) 30点以上40点未満の階級と40点以上50点未満の階級の相対度数の合計を比べると，A班のほうが大きいので，A班。
(3) 40点以上50点未満の階級の度数は，A班が0，B班が1です。よって，もっとも高い得点の生徒はB班にいます。
(4)ア この表からは，得点がちょうど10点だった生徒がいるかどうか読みとれません。
イ 0点以上10点未満の階級と10点以上20点未満の階級の度数の合計を比べると，A班のほうが大きいので正しいです。
ウ 0点以上10点未満の階級と10点以上20点未満の階級の相対度数の合計を比べると，B班のほうが大きいので正しくありません。

チャレンジテスト❶ 本冊 p.108

1 **11cm**
2
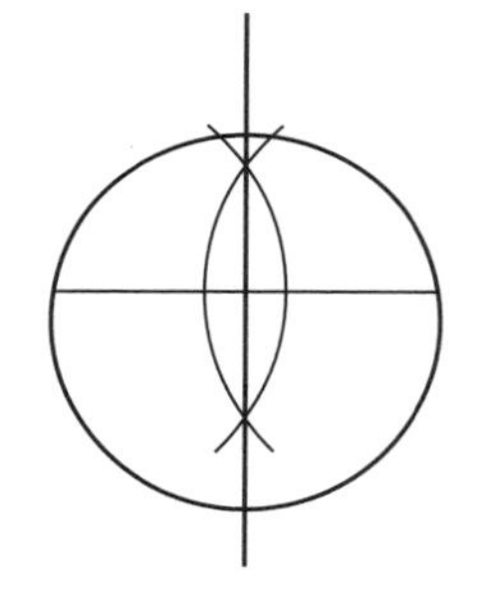
3
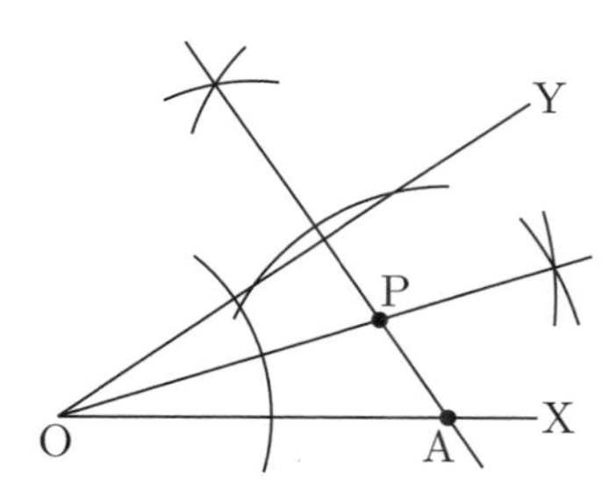

4 **21πcm^3** **5** **ア，カ**
6 **相対度数(そうたいどすう) 0.30，累積(るいせき)相対度数 0.55**
7 **160πcm^2**

解き方

1 高さを $x$cm とすると,

$$\frac{1}{3}\times\pi\times6^2\times x=132\pi$$
$$x=11$$

2 円上の2点を両端とする線分をひき，その線分の垂直二等分線をひきます。

3 点Aを通り辺OYに垂直な直線と，∠YOXの二等分線の交点を点Pとします。

4 円柱の上に円錐が乗った立体になります。

$$\pi\times3^2\times2+\frac{1}{3}\times\pi\times3^2\times1=21\pi(\text{cm}^3)$$

5 組み立てると，**ア**と**カ**，**イ**と**エ**，**ウ**と**オ**がそれぞれ向かいあいます。辺ABと垂直になるのは，**ア**と**カ**です。

6 20m以上24m未満の階級の相対度数は,

$$\frac{6}{20}=0.30$$

28m未満の累積相対度数は,

$$\frac{4+6+1}{20}=0.55$$

7 $360°\times\dfrac{2\pi\times8}{2\pi\times12}=240°$

$$\pi\times12^2\times\frac{240}{360}+\pi\times8^2=160\pi(\text{cm}^2)$$

チャレンジテスト❷

本冊 p.110

1 11

2

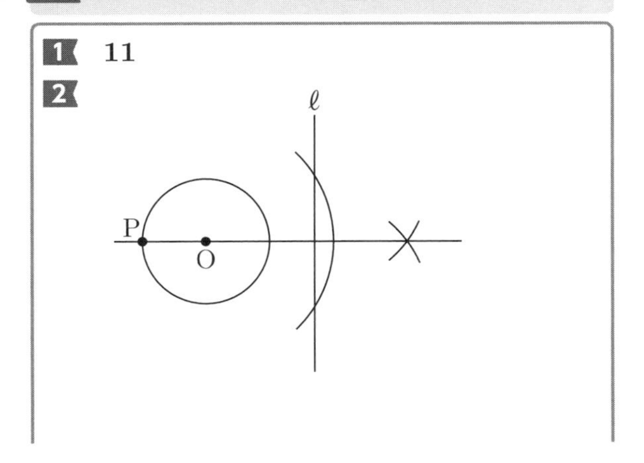

3

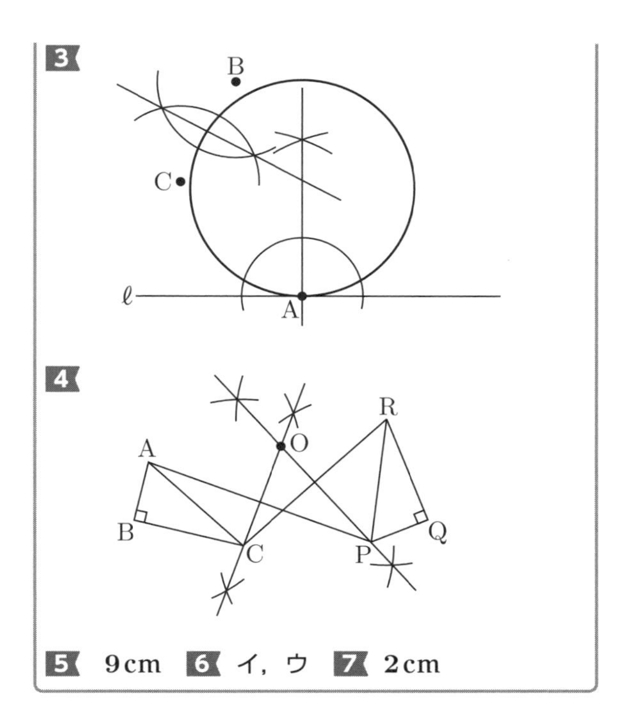

5 9cm　**6** イ，ウ　**7** 2cm

解き方

1 $\pi\times4^2\times2+2\pi\times4\times a=120\pi$

$$a=11$$

2 点Oを通り直線ℓに垂直な直線をひき，直線と円の2つの交点のうち，直線ℓから遠いほうを点Pとします。

3 点Aを通り直線ℓに垂直な直線と，線分BCの垂直二等分線の交点を中心として，点Aを通る円をかきます。

4 回転移動では対応する点が回転の中心から等しい距離にあることを利用して，線分APの垂直二等分線と，線分CRの垂直二等分線の交点を点Oとします。

5 Bの高さを $x$cm とすると,

$$\frac{4}{3}\times\pi\times3^3=\pi\times2^2\times x$$
$$x=9$$

6 ある直線と，その直線上にない点をふくむ平面は1つに決まります。これをみたしているのは，**イ**と**ウ**です。

7 底面の半径を $x$cm とすると,

$$360°\times\frac{2\pi\times x}{2\pi\times4}=180°$$
$$x=2$$